NEUSTADT

Bildatlas
des DDR-Straßenverkehrs

Trobi
LEGENDE AUF RÄDERN
IN
GEDENKEN
1957-1991

UWE MIETHE

Bildatlas des DDR Straßenverkehrs

PKW UND NUTZFAHRZEUGE

GeraMond

Produktmanagement: Martin Distler
Satz: Peter Schneider
Schlusskorrektur: Janina Glatzeder
Repro: Cromika s.a.s., Verona
Umschlaggestaltung: Uhlig / www.coverdesign.net
Herstellung: Thomas Fischer
Printed in Slovenia by MKT-Print, Ljubljana

Alle Angaben dieses Werkes wurden vom Autor sorgfältig recherchiert und auf den aktuellen Stand gebracht sowie vom Verlag geprüft. Für die Richtigkeit der Angaben kann jedoch keine Haftung übernommen werden.
Für Hinweise und Anregungen sind wir jederzeit dankbar. Bitte richten Sie diese an:
GeraMond Verlag
Lektorat
Postfach 40 02 09
D-80702 München
E-Mail: lektorat@geramond.de

Die Deutsche Nationalbibliothek – CIP-Einheitsaufnahme
Ein Titeldatensatz für diese Publikation ist bei der Deutschen Nationalbibliothek erhältlich.

ISBN 978-3-7654-7692-1

Titel:
Großes Bild: Ikarus 66 und S4000-1, Foto: Uwe Fischer
Kleine Bilder (v.l.): Lada 1600 Funkstreifenwagen, Foto: Jan Welkerling; Trabant P50/2, Foto: Peter Böhlke; IFA Barkas B 1000, Foto: Uwe Miethe

Bild auf der Vorspannseite:
In Wernigerode, der „bunten Stadt am Harz", herrscht im Juli 1988 ein ebensolches Treiben aus Einheimischen und Touristen. Vor dem Café Neustadt rangiert ein S4000-1 seinen Anhänger. Foto: Frank Drechsel

Bild auf Seite 2:
Dem Trabi, der „Legende auf Rädern", hatten findige Chemnitzer Trabant-Fans im Sommer 1992 für kurze Zeit ein Denkmal gesetzt. Auf diesem Betonsockel an der Ecke Frankenberger Straße/Dresdner Straße stand vom 4. Mai 1975 bis 1990 ein russischer T-34-Panzer als Siegesdenkmal für die Sowjetarmee im Zweiten Weltkrieg. Nachdem der Panzer verschwunden war, wurde dieser Trabant 601 Universal auf den Sockel gestellt und ihm damit für einige Zeit ein originelles Denkmal gesetzt. Foto: Uwe Miethe

Bild auf der Nachspannseite:
Straßenszene in Zittau, im April 1989. Am Haltepunkt Zittau müssen einige Trabis, ein Škoda und ein Lada der dampflokbespannten Schmalspurbahn Zittau – Oybin die Vorfahrt gewähren. Die Schmalspurbahn ins Zittauer Gebirge fährt heute immer noch mit Dampflokomotiven! Die Autos auf dem Foto sind von den Zittauer Straßen aber schon längst verschwunden. Foto: Uwe Fischer

Rücktitel:
Luise Heym – zum Zeitpunkt der Aufnahme fünfeinhalb Jahre alt und Fan der Fernsehserie „Auf Achse" aus dem Westfernsehen – präsentierte im November 1988 auf charmante Weise einen KrAZ 258 Z des VEB Wohnungsbaukombinat Suhl auf dem Friedberg in Suhl. Heute, genau 20 Jahre nach Entstehen dieser Aufnahme, ist die junge Dame längst erwachsen, die DDR Geschichte und die Autos von damals sind gesuchte Raritäten. Foto: Rudolf Heym

Uwe Miethe, 1964 in Karl-Marx-Stadt (heute Chemnitz) geboren, verwirklichte nach der abgeschlossenen Lehre als Modelltischler seinen eigentlichen Berufswunsch; Er ließ sich beim Bahnbetriebswerk Elsterwerda als Lokomotivheizer ausbilden. Nach knapp zweijähriger Heizerzeit in Elsterwerda arbeitete er später wieder als Tischler. 1990 folgte der berufliche Quereinstieg in die Verlagsbranche. Seit 1999 ist sein Wohn- und Arbeitsort München, wo er als freiberuflicher Bildjournalist und Buchautor arbeitet. Uwe Miethe fotografiert seit 1979 Eisenbahnen und veröffentlicht seine Aufnahmen in zahlreichen verschiedenen Publikationen. Im September 2006 erschien bei GeraMond sein erstes Buch „Faszination Eisenbahn – 365 Tage". Ein Jahr später der gemeinsam mit Martin Weltner produzierte „Bildatlas der deutschen Lokomotiven". Parallel zum „Bildatlas des DDR-Straßenverkehrs" – den Sie gerade in den Händen halten – erschien im Oktober 2008 bei GeraMond sein Bildband „Männer & Lokomotiven – Beruf und Leidenschaft". Neben Eisenbahnen und Autos gilt das Interesse von Uwe Miethe auch der Eventfotografie, Landschaftsaufnahmen und Flugzeugen.

Vorwort

Welche Pkw und welche Nutzfahrzeuge waren für den DDR-Straßenverkehr der letzten Jahre typisch? Wie sahen sie aus, welche Leistung hatten sie? Gab es außer Trabant, Lada und W 50 überhaupt noch andere Modelle? Diese und weitere Fragen beantwortet das vorliegende Buch. Es stellt Ihnen die wichtigsten Fahrzeugtypen vor, sowohl diejenigen aus einheimischer Produktion als auch die aus den „sozialistischen Bruderländern" – ČSSR, Polen, Rumänien, UdSSR – importierten, so wie sie auf den Straßen der DDR bis zur Wiedervereinigung anzutreffen waren.

Basis dieses Buches bildet eine Diasammlung, die ich ohne Anstoß von außen heute gar nicht besäße. Als typischer DDR-Hobby-Eisenbahnfotograf wäre ich lange Zeit nie auf die Idee gekommen, etwas anderes als Dampflokomotiven zu fotografieren. Später wurde auch ich dann schlauer … Unmittelbar nach der Wiedervereinigung habe ich – wie so viele andere Hobbykollegen auch – selbst fotografierte Eisenbahndias in „den Westen" getauscht und verkauft. Denn nun konnten auch wir ehemaligen DDR-Fotografen endlich auf westliches Filmmaterial zugreifen, welches den qualitativ minderwertigen ORWO-Diafilmen aus DDR-Produktion umgehend den berechtigten Todesstoß versetzte.

Einer dieser Diatauschpartner hatte mich seinerzeit gebeten, doch für ihn all die Ostblock-Kfz zu fotografieren, die zu diesem Zeitpunkt noch auf unseren Straßen unterwegs waren. Das habe ich getan und natürlich nicht nur die Dias für ihn gemacht, sondern immer auch Aufnahmen für meine Sammlung. Es machte richtig Spaß, den alten Autos hinterherzujagen, weil diese ganz schnell ziemlich rar wurden. So kam ich auf fremde Anregung hin zu einer Foto-Sammlung von knapp 250 mittlerweile historischen Kfz-Dias und bin meinem Ideengeber für seinen Anstoß heute noch dankbar.

Dieses Bildmaterial wollte ich immer schon einmal für ein Buchprojekt verwenden, aber der richtige Rahmen dazu fehlte. Nachdem ich im Jahr 2007 mit meinem Kollegen Martin Weltner zusammen den „Bildatlas der deutschen Lokomotiven" produziert hatte, entstand die Idee, dass sich dieses Buchkonzept doch auch für die Ostblock-Kfz eignen könnte. Und aus der Idee wurde schließlich das vorliegende Buch!

Zunächst werden Ihnen die Pkw aus der DDR-Produktion vorgestellt, danach die Import-Pkw. Die einzelnen Fahrzeuge sind aufsteigend nach Alter und Leistung bzw. nach Modellhierarchie innerhalb der Automarke sortiert. In derselben Reihenfolge lernen Sie die Nutzfahrzeuge, Busse, Traktoren und Geräteträger kennen. Dabei werden Sie feststellen, dass der Bereich Pkw und ganz besonders die Busse von der Typenvielfalt her eher überschaubar sind. Bei den Nutzfahrzeugen und Traktoren dagegen gibt es erstaunlich viele verschiedene Modelle und Modellvarianten. Da sich das Buch den typischen Vertretern des DDR-Straßenverkehrs der letzten Jahre widmet, tauchen die Exoten unter den Autos, wie z.B. der Melkus RS 1000 oder der in den letzten Jahren der DDR sehr seltene EMW 340, bei den Fahrzeugporträts nicht auf. Das hätte den zur Verfügung stehenden Platz vollkommen gesprengt. Warum dann aber gerade bei den Traktoren zahlreiche alte Fahrzeuge im Buch vorgestellt werden? Nun, weil diese Uralt-Fahrzeuge tatsächlich zahlreich bis zum Ende der DDR – und teilweise auch noch lange danach – im Einsatz waren und somit ihren Platz in diesem Buch verdient haben.

Für die Zusammenstellung der redaktionellen Fahrzeugporträts konnte ich dankenswerterweise meinen ehemaligen Kollegen aus Karl-Marx-Städter-Zeit, Siegfried Bergelt, gewinnen. Er ist Dipl. Ing. Maschinenbau und war selbst Fahrer zahlreicher „Trabbis" und „Wartburgs". Alle Infos zu den Fahrzeugen sowie deren technische Daten hat er in Fleißarbeit für das Buch zusammengetragen. Auch meinem Vater, Wolfgang Miethe, möchte ich an dieser Stelle für seine Unterstützung danken.
Er hat mir tatkräftig bei der Bildrecherche geholfen und zahlreiche Originaldokumente aus DDR-Zeit bereitgestellt.
Die Lektoratsarbeit meiner Kollegin, der Historikerin Christiane Stagge (M.A.), verhalf dem einleitenden Text des Buches zu einer ausgewogenen Mischung aus persönlich Erlebtem und korrekten geschichtlichen Fakten – dafür gebührt ihr ein ganz besonderer Dank.
Dankbar bin ich auch Jan Welkerling, Lokführer und Experte für landwirtschaftliche Fahrzeuge, für seine Mitarbeit am Buch. Er half mir, bei den vielen verschiedenen Traktoren-Typen den Durchblick zu behalten, gab hilfreiche Tipps, stellte Kontakte mit Hobbyfreunden her und bereicherte das Buch mit zahlreichen Fotos.

Apropos Fotos: Ein Bildatlas lebt – wie der Name impliziert – von den Bildern. Ich hatte zwar eine Menge davon, aber es gab auch Lücken, gerade im Bereich der Pkw. Ich bedanke mich ganz herzlich bei Uwe Bachmann, Hans-Jürgen Barteld, Siegfried Bergelt, Jens Bubolz, Peter Böhlke, Michael Dostal, Frank Drechsel, Andreas Erler, Uwe Fischer, Steffen Gerstel, Christian Goossen, Michael Groß, Rudolf Heym, Claus-Jürgen Jacobson, Andreas Kube, Roland Maier, Torsten Riedel und Stefan Runge, die diese Lücken schließen halfen.

Nun lade ich Sie, liebe Leser, ein, auf den folgenden Seiten die Welt des DDR-Straßenverkehrs zu erkunden. Knapp 20 Jahre ist es erst her, dass dieser im „real existierenden Sozialismus" der DDR noch in Augenschein genommen werden konnte. Dass diese DDR in der Endzeit ein eher „vegetierender Sozialismus" war, sieht man einigen der Bilder auch deutlich an: Mangelwirtschaft, Devisenknappheit und Umweltzerstörung haben sichtbare Spuren hinterlassen. Aber all das ist heute Geschichte – so wie die meisten dieser Fahrzeuge, die Sie gleich faszinieren werden. Viel Vergnügen beim Lesen wünscht

Uwe Miethe, München, im Herbst 2008

Inhalt

Mangelwirtschaft, „Blaue Fliesen" und der Ostdeutschen liebstes Kind

Das Automobil, „der Deutschen liebstes Kind", stand auch in der DDR ganz oben auf der Wunschliste fast eines jeden Bürgers. Ein Wunsch, der sich allerdings nur für einen Teil von ihnen verwirklichen ließ. Denn die staatlich dirigierte sozialistische Planwirtschaft der DDR war überhaupt nicht darauf ausgelegt, in großem Stil Konsumgüterwünsche der Bevölkerung zu erfüllen. Sie hatte vielmehr genug damit zu tun, „den Laden DDR" überhaupt am Laufen zu halten.

Der an eigenen Rohstoffvorkommen arme Ostteil Deutschlands (nennenswert waren hier eigentlich nur die Braunkohlevorkommen) hing am ausgestreckten wirtschaftlichen und politischen Arm der Sowjetunion und war fest in die Planung und den Wirtschaftskreislauf des Rates für gegenseitige Wirtschaftshilfe (RGW) eingebunden. Schwerindustrie, Chemische Industrie, Maschinenbau, Energiewirtschaft, Landwirtschaft, Nahrungsgüterproduktion und das Transportwesen (die Deutsche Reichsbahn war mit 248.000 Mitarbeitern der größte Betrieb in der DDR) bildeten das Rückgrat der DDR-Wirtschaft.

Die Preise der Konsumgüter regelten sich nicht – wie in der freien Marktwirtschaft – durch Angebot und Nachfrage. Die sozialistische Planwirtschaft der DDR basierte auf einem subventionierten Preissystem. Das Fatale: Die Preise spiegelten dadurch das wahre Knappheitsverhältnis der Güter nicht wider, die wahren Kosten wurden verdeckt. Das Außenhandelsmonopol der DDR verhinderte zudem den freien internationalen Handel der einzelnen Unternehmen. Allein die DDR-Regierung bestimmte, welche Waren exportiert und importiert werden durften, und legte dabei auch die Preise fest. Das führte dazu, dass sich die DDR immer mehr vom Weltmarkt abschirmte.

Durch die permanente Rohstoffknappheit und die Schwerfälligkeit des zentral gelenkten Wirtschaftsapparates war die DDR-Regierung gezwungen, Rohstoffe aus den sozialistischen Bruderländern und vor allem – gegen harte Devisen – aus dem sogenannten nichtsozialistischen Wirtschaftsgebiet (NSW) zu beziehen. Ständige Devisenknappheit, Mangelwirtschaft, ideologische Verblendung und Abschottung gegen den Westen belasteten die Wirtschaft in den 40 Jahren des Bestehens der DDR ungemein.

Die DDR-Bürger kämpften täglich mit den zahlreichen Unbilden des „real existierenden Sozialismus". Alles, was über die minimalsten Grundbedürfnisse des täglichen Lebens hinausging, war Mangelware. Von Grundrechten wie Meinungsfreiheit, Reisefreiheit oder Freiheit des Glaubens einmal ganz zu schweigen! Der Sozialismus als politisches und wirtschaftliches System ist bisher stets gescheitert, was zahllose Beispiele in der Vergangenheit belegen, und was sich auch gegenwärtig an Kuba und Nordkorea zeigt. Der Sozialismus als Herrschaftssystem zog vor allem Mangelwirtschaft und Missachtung von Menschenrechten nach sich.

Die allgegenwärtige Mangelwirtschaft der DDR zeigte sich im Alltag am augenfälligsten in den langen Warteschlangen in und vor den Geschäften (der berüchtigten „sozialistischen Wartegemeinschaft"), heruntergekommenen Wohn- und Industriebauten, kaputten Straßen, einem gnadenlosen Raubbau an der Umwelt und – damit sind wir bei unserem Thema – in Wartezeiten von zehn bis achtzehn Jahren auf ein neues Auto.

Da der DDR-Automobilbau im Rahmen des RGW erhebliche Produktionskapazitäten für Exportfahrzeuge bereitstellen musste, reichte der Anteil der für das Inland verbleibenden Produktion in keiner Weise aus, um auch nur annähernd die hohe Inlandsnachfrage zu decken. Da in der Wirtschaft des RGW nicht Angebot und Nachfrage den Markt bestimmten – sondern langfristig angelegte Planwirtschaft, permanente Ressourcen- und Finanzknappheit und die ständige Jagd nach Deviseneinnahmen – konnten die Kapazitäten der Werke nicht einfach flexibel an die Inlandsnachfrage angepasst werden. Einfacher war es, den Mangel zu verwalten und das Ganze mit einem umgehängten ideologischen Mäntelchen etwas zu verhüllen.

Das bedeutete für Otto-Normal-DDR-Bürger, dass er auf sein nun wirklich nicht zum Leben notwendiges Auto zu warten hatte – gefälligst so lange, bis er an der Reihe war. Dadurch hatte er wenigstens genug Zeit, sich das notwendige Geld für den begehrten Trabant 601 (ab 10.952 Mark), den Wartburg 353 (ab 16.950 Mark) oder den 1500er-Lada (ab 23.500 Mark) zusammenzusparen! Denn das war bei einem durchschnittlichen Brutto-Monatsgehalt eines DDR-Bürgers von etwa 800 Mark nicht immer einfach. Wenn man allerdings ein sehr guter Genosse, Parteikader, Stasi-Mitarbeiter, verdienter Angehöriger der Intelligenz, international erfolgreicher Sportler, erfolgreich produzierender LPG-Vorsitzender, beliebter Künstler – kurzum, eine wichtige Stütze des DDR-Systems – war, konnten die lästigen Wartezeiten auch umgangen werden. Der Staat sorgte für die Seinen und wusste sie so bei Laune zu halten.

Wenn man nicht zu diesem erlesenen Personenkreis gehörte, gab es nur noch eine Möglichkeit, schneller an das begehrte Wunschauto zu kommen: Westverwandtschaft und „Blaue Fliesen". Letztere waren in der DDR das Synonym für Westgeld, der blaue 100 DM-Schein angeblich der Namensgeber. Die harte DM war spätestens seit Anfang der 80er-Jahre die inoffizielle Zweitwährung in der DDR. Für Westgeld konnte man unter der Hand alles bekommen, natürlich auch Autos! Und da man diese Währung offiziell nicht fordern konnte, kam es zu Auswüchsen wie der bekannten Kleinanzeige in der Zeitung: „Suche Zement, biete blaue Fliesen". Solche Anzeigen wurden später tatsächlich verboten.

Die begehrte DM bekam man als DDR-Bürger entweder von seiner Westverwandtschaft – wenn man denn eine solche hatte – oder musste sie illegal zu einem Kurs von 1:5 bis 1:10 eintauschen. Erwischen lassen durfte man sich bei solchen Schwarztauschgeschäften allerdings nicht. Das Geld wäre eingezogen worden, man hätte eine Anklage wegen Devisenvergehens am Hals gehabt und mit ihr die Genossen von der Staatssicherheit!

Besitzen durften DDR-Bürger die DM legal überhaupt erst seit 1974 – vorher war ihr Besitz strafbar. Es wurde

Es ist noch Park-Platz: Karl-Marx-Stadt, Parkplatz vor dem Volkspolizei-Kreisamt am 4. November 1988; Eine schöne Kollektion Ostblock-Pkw parkt hier: Trabant, Wartburg, Lada, Škoda, Zaporoshets und Dacia. Im VP-Kreisamt (im ehemaligen Verwaltungsgebäude der Sächsischen Maschinenfabrik, vorm. Richard Hartmann AG) saß auch die Verkehrspolizei, bei der man z.B. einige Tage nach bestandener Fahrprüfung seine Fahrerlaubnis in Empfang nehmen konnte. Ansonsten war es besser, man hatte in diesem Gebäude keine Termine, zu denen man vorgeladen wurde ...

Eigeninitiative: Dieser ungewollt farbenfrohe Wartburg 311, fotografiert im Oktober 1989 in Hartha (Sachsen), wurde von seinem Besitzer mit zusammengesuchten Karosserieteilen komplettiert. Die Seitentüren stammen wahrscheinlich von Altfahrzeugen und wurden über die üblichen Tauschgeschäfte beschafft. Ersatzteile für den 311er-Wartburg gab es zu diesem Zeitpunkt schon lange nicht mehr zu kaufen, denn das Produktionsende des Fahrzeugs war bereits in den 60er-Jahren. Jetzt müsste man nur noch jemanden kennen, der einem das Auto lackiert. Schwarz, natürlich ...

Engpass: Voilà, da ist sie, die berühmt-berüchtigte „Sozialistische Wartegemeinschaft"! Zwar nicht ganz stilecht vor einem HO Fleisch- und Wurstwarenladen in Elsterwerda, aber vor einem Kfz-Ersatzteilladen hätte das auch nicht anders ausgesehen. Dieses vom Autor des Buches im Dezember 1984 heimlich mit einem Teleobjektiv aufgenommene Foto war nicht ganz ungefährlich. Wenn linientreue Genossen oder Stasi-Spitzel Derartiges mitbekamen, hätte es gewaltigen Ärger gegeben. Es war absolut nicht erwünscht, dass derart offensichtliche Defizite des real existierenden Sozialismus dokumentiert wurden.

Endzeitstimmung: Wir sind wieder in Karl-Marx-Stadt; im Dezember 1988, nur elf Monate vor der politischen Wende in der DDR – aber das ahnte damals noch niemand. Graue Fassaden, Trostlosigkeit – man meint, den in der Luft liegenden beißenden Geruch der Braunkohlefeuerung fast zu spüren ... Ein privater Gemüsehändler hilft mit seinem museumsreifen IFA Phänomen Granit 27 (Baujahre 1949 – 1953) bei Transportarbeiten und wundert sich über den Fotografen. Die Granit-Lkw waren die Vorgänger der auf den Seiten 58 und 59 vorgestellten Robur Garant 30 K / 32 und gegen Ende der DDR nur noch sehr selten anzutreffen.

zwar offiziell nicht darüber geredet, aber wenn der DDR-Bürger schon über die begehrten Valuta verfügte, sollte er diese doch bitte auch ganz legal in den staatlichen „Intershop"-Läden ausgeben. Die 1962 gegründete DDR-Handelskette „Intershop" diente zur Erwirtschaftung von frei konvertierbaren Währungen und richtete sich zunächst an Transitreisende und Bürger aus dem westlichen Ausland. Im „Intershop" gab es alles, was in der DDR nicht erhältlich war, sogar echte blaue Fliesen. Allerdings nur gegen harte Währung – mit DDR-Mark konnte man dort nicht einkaufen. Das Sortiment wurde später ganz gezielt auf den Bedarf von DDR-Bürgern ausgerichtet und entsprechend ausgebaut. Lebens- und Genussmittel, Kosmetika, Modeartikel, Kleidung, Unterhaltungselektronik, Möbel, Badarmaturen, Fliesen und Bauzubehör waren hier erhältlich – aber keine Autos!

Die bot ein anderes DDR-Handelsunternehmen an, die Geschenkdienst und Kleinexporte GmbH, GENEX, später GENEX Geschenkdienst GmbH. Allerdings konnten DDR-Bürger hier nicht selbst bestellen. Unter dem Motto: „Geschenke in die DDR" konnten Bürger der Bundesrepublik Waren aus einem Katalog bestellen, die in DM bezahlt und direkt an die DDR-Verwandtschaft ausgeliefert wurden. Neben dem bereits aus dem „Intershop" bekannten Sortiment konnte man hier auch Motorräder, Autos, Wohnanhänger und Fertigteilhäuser kaufen. Trabant, Wartburg, B-1000, Škoda, Polski-Fiat und Lada waren hier mit einer Lieferzeit von nur vier bis sechs Wochen zu haben! Aber auch westliche Marken wie Ford, Renault, VW und Mazda konnten bestellt werden. Bei den Westwagen konnte eine Ersatzteilversorgung gegen Zahlung in DDR-Mark allerdings nur für einige Jahre garantiert werden. Danach waren diese in DM zu bezahlen.

Diese Omnipräsenz der DM führte zur Spaltung der DDR in eine Zwei-Klassen-Gesellschaft: Es gab Bürger mit Zugang zur DM und Bürger, die keine Möglichkeit hatten, das heiß begehrte, alle Türen öffnende Westgeld zu bekommen. Das sorgte für viel Unmut

In der DDR einen Führerschein zu erlangen war – wie fast alles, das mit der Mobilität auf den Straßen zu tun hatte – mit erheblichen Wartezeiten verbunden. Führerscheine für Zweiräder waren schneller zu bekommen als solche für Automobile.

und war auch einer der Gründe dafür, dass die DDR-Bürger nach der Wende sofort mit aller Macht die Einführung der DM forderten: „Wenn die DM nicht zu uns kommt, gehen wir zur DM!" Sie hatten ja oft genug am eigenen Leib erfahren müssen, dass ihre eigene Währung das Papier nicht wert war, auf dem sie gedruckt war.

Irgendwann war es dann endlich da, das heiß begehrte Automobil „Made in GDR"! Fünfzehn Jahre Wartezeit sind um, das benötigte Geld für den Autokauf wurde über Jahre gespart (Ratenzahlung, wie z.B. beim Kauf von Möbeln in der DDR durchaus üblich, war beim Kauf eines Automobils nicht möglich), die Fahrerlaubnis längst erworben. Endlich ungetrübte Freude über die neu gewonnene Reisefreiheit innerhalb viel zu enger Landesgrenzen!

Ungetrübte Freude?! Jetzt gingen die Probleme erst richtig los! Mit einem Auto muss man regelmäßig in die Werkstatt zur Wartung, benötigt Ersatzteile, Winterreifen – als stolzer neuer Teilnehmer des automobilen Straßenverkehrs hatte man plötzlich Probleme,

So sah sie aus, die berühmt-berüchtigte Bestell-Bestätigung eines Pkw in der Deutschen Demokratischen Republik. Zehn bis 15 Jahre hatte man die in der Tasche ...

Russisch: „Werner, die Russen kommen!" ruft Meister Röhrich in den bekannten „Werner"-Comics. Die DDR-Bürger konnten ein Lied davon singen: „Die Russen" – pardon, „Freunde", wie sie politisch korrekt genannt werden mussten, waren schon seit 1945 da und als Besatzungsmacht allgegenwärtig. Und mit ihnen auch ihre rustikalen Fahrzeuge, die auf den Straßen zwar sehr oft anzutreffen waren, in die DDR selbst aber nicht importiert wurden. Dieser ZIL-130 mit Kofferaufbau gehörte zu den 24.129 Kfz (Stand 1991, ohne gepanzerte Fahrzeuge), welche die Gruppe der Sowjetischen Streitkräfte in Deutschland (GSSD) noch in der ehemaligen DDR stationiert hatte.

Rassig: Auf den ersten Blick mag man es gar nicht glauben, dass dieser schicke Sportwagen ein DDR-Fahrzeug ist: Der Melkus RS 1000 wurde als straßentauglicher Mittelmotor-Rennwagen auf Basis des Wartburg 353 von 1969 bis 1979 in Manufakturarbeit in 101 Exemplaren von der Heinz Melkus KG in Dresden in Zusammenarbeit mit einer Arbeitsgemeinschaft verschiedener DDR-Firmen gebaut. Das 28.600 Mark teure Fahrzeug wurde nur an Rennsportfahrer des ADMV mit einer entsprechenden Fahrerlizenz verkauft und war auf den DDR-Straßen äußerst selten zu sehen. Eine auf 15 Exemplare limitierte Nachauflage des RS 1000 war im Jahr 2006 noch vor der Auslieferung des ersten Fahrzeugs sofort ausverkauft.

Rostig: Dieses etwas seltsam anmutende Gefährt ist auch ein Produkt der DDR-Fahrzeugindustrie, welches u.a. unter dem Spitznamen „Dreikantfeile" bekannt, in den letzten Jahren der DDR aber nur noch selten anzutreffen war. Der Kleindumper Picco I wurde von 1957 bis 1959 bei der Brandiser Maschinen- und Apparatebau KG gebaut, anschließend fertigte der VEB Eisenbau Mölkau (bei Leipzig) bis etwa 1970 die Dumper. Der Fahrer des Dreirads, dessen Achsen, Motor und Getriebe vom Robur stammten, saß hinter der 0,7 Kubikmeter fassenden Kippmulde, die durch einen Handhebel bedient wurde und sich durch die Schwerkraft der Ladung entlud.

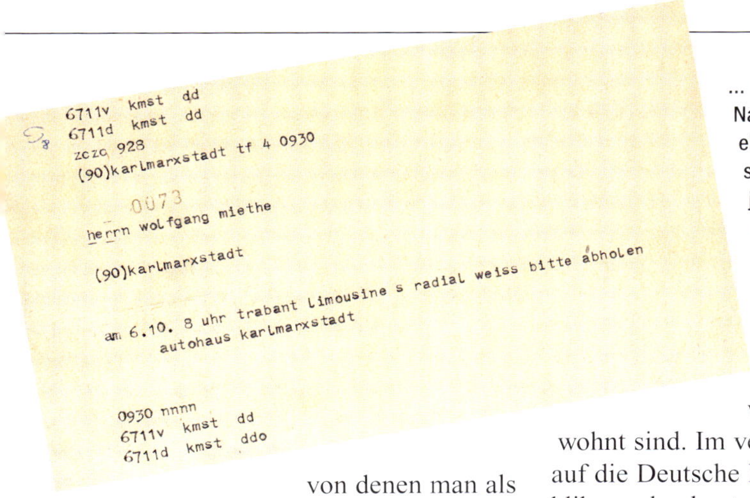
6711v kmst dd
6711d kmst dd
zczc 928
(90)karlmarxstadt tf 4 0930

0073
herrn wolfgang miethe

(90)karlmarxstadt

am 6.10. 8 uhr trabant limousine s radial weiss bitte abholen
autohaus karlmarxstadt

0930 nnnn
6711v kmst dd
6711d kmst ddo

... bis endlich die ersehnte Nachricht vom Autohaus eintrudelt, man könne seinen Pkw abholen. Wer jetzt das Geld für das Auto nicht hatte, bekam keinen Aufschub. Die Anmeldung verfiel. Kredite für Autokäufe gab es in der DDR nicht.

von denen man als Fußgänger dunkel ahnte, dass es sie wohl geben würde … Die sozialistische Mangelwirtschaft forderte auch hier von jedem Autobesitzer viel Geduld, Nerven, Beziehungen und möglichst Westgeld. Es entwickelte sich eine regelrechte Tausch- und Schattenwirtschaft, in der z.B. „schwarz" mit entwendetem Material heiß begehrte Ersatzteile, wie Auspuffanlagen für den Trabant, nachgefertigt wurden. Die DDR-Bürger beriefen sich dabei schlitzohrig auf ein Zitat des Staatsratsvorsitzenden Erich Honecker, der in einer Parteitagsrede sinngemäß gesagt hatte: „Es ist noch viel mehr rauszuholen aus unseren sozialistischen Betrieben!" Erwischen lassen durfte man sich allerdings auch beim privaten „Mehr-rausholen-aus-unseren-sozialistischen-Betrieben" nicht, denn Eigentumsdelikte waren auch in der DDR strafbar.

An dieser Stelle muss ich den kleinen Exkurs in den ostdeutschen Alltag leider beenden. Es gäbe noch so viel mehr darüber zu berichten, aber das würde den Rahmen dieser Einleitung vollkommen sprengen. Die kurzen Schilderungen sollen Ihnen, liebe Leser, aber einen Eindruck davon vermitteln, dass es in der DDR nicht ganz so einfach war, ein Auto zu kaufen und zu unterhalten, wie wir das heute gewohnt sind. Im verklärenden Rückblick auf die Deutsche Demokratische Republik werden heute leider viele Dinge nur noch durch die Rosarote Brille betrachtet und DDR-Autos wie der Trabant gar als „Kult" bezeichnet. Zum Kultobjekt hat man den Trabant erst nach dem Niedergang der DDR hochstilisiert. Jeder DDR-Bürger jedoch – ob mit oder ohne Auto – schielte immer neidisch auf die „Westwagen", wohl wissend, dass diese Fahrzeuge technisch Lichtjahre von den Produkten des RGW entfernt waren. Deswegen waren die Ostblock-Fahrzeuge zu Zeiten des real existierenden Sozialismus nicht „Kult", sondern heiß begehrte Alltagsgegenstände, die einem das Leben und die Mobilität in den engen Grenzen der DDR etwas erleichtern konnten. Aber jeder DDR-Bürger hätte seinen Trabant, Wartburg oder Lada ohne mit der Wimper zu zucken stehen lassen, wenn er stattdessen ein bezahlbares Fahrzeug der Marken Volkswagen, Opel oder Ford hätte bekommen können. Diese Behauptung werden „DDR-Nostalgiker" sicher entrüstet in Abrede stellen, aber der Autor weiß aus eigener Anschauung, dass es genau so gewesen wäre …

Die DDR-Autokennzeichen

Die II. Parteikonferenz der SED beschloss 1952 die Aufteilung der bisherigen fünf Länder in 14 Bezirke. Berlin kam 1961 als 15. Bezirk dazu. Nach diesen Bezirken waren auch die Autokennzeichen in der DDR gegliedert. Die Kennzeichen – ab 1976 im Format 450 x 90 mm – bestanden aus einer Buchstaben-Zahlen-Kombination von zwei Buchstaben und vier Ziffern, bzw. drei Buchstaben und drei Ziffern, z.B.: XT 11–74, oder KCA 3–33. Über dem Bindestrich befand sich ein einfarbiges DDR-Staatswappen. Bis 1978 war dieses eine aufgeleimte Plastikprägung, später ein Aufkleber. Der erste Buchstabe des Kennzeichens wurde nach dem Bezirk vergeben, in dem das Auto zugelassen war.

A	Bezirk Rostock	R, Y	Bezirk Dresden
B	Bezirk Schwerin	S, U	Bezirk Leipzig
C	Bezirk Neubrandenburg	T, X	Bezirk Karl-Marx-Stadt
D, P	Bezirk Potsdam	Z	Bezirk Cottbus
E	Bezirk Frankfurt (Oder)		
H, M	Bezirk Magdeburg	VA	Fahrzeuge der Nationalen Volksarmee
I	Berlin, Hauptstadt der DDR		
K,V	Bezirk Halle	GT	Fahrzeuge der Grenztruppen der DDR
L, F	Bezirk Erfurt		
N	Bezirk Gera	VP	Fahrzeuge der Deutschen Volkspolizei
O	Bezirk Suhl		

Personenkraftwagen

Die einheimischen Marken Trabant und Wartburg dominierten das Straßenbild der DDR. Das ist nicht verwunderlich, betrachtet man allein die zwischen 1957 und 1991 gefertigten reichlich 3 Millionen Exemplare des Trabant und die lange Lebenszeit, auf die es ein gut gepflegtes Auto in der DDR brachte. Daher kommt es auch, dass jeder Zeitzeuge mit dem Schlagwort „DDR-Straßenverkehr“ sofort den Trabant in Verbindung bringt – er war allgegenwärtig. Aber auch der Wartburg (von 1966 bis 1988 über 1,2 Millionen gefertigte Exemplare des Modells W 353) war stets gut auf den Straßen vertreten.

So anachronistisch und technisch rückständig die Pkw aus DDR-Produktion in den letzten Jahrzehnten auch waren, an den Konstrukteuren und Entwicklern in den Automobilfabriken lag es wirklich nicht, dass die DDR im Automobilbau international nicht konkurrenzfähig war. Der Trabant P50 zum Beispiel war bei seiner Vorstellung 1957 ein modernes Auto, technisch auf der Höhe seiner Zeit. Sein Nachfolger, der P60, wurde dann aber von 1964 bis 1990 fast unverändert, nur mit einigen technischen

Verbesserungen gebaut. Das war so nicht geplant: Die Entwickler des VEB Sachsenring hatten 1966 den Trabant 603 entwickelt, ein modernes Fahrzeug auch mit Duroplast-Karosserie und Viertaktmotor (es gab sogar eine geplante Version mit Kreiskolben-Motor und auch eine mit Wartburg-Zweitaktmotor), der den P60 ablösen sollte und aussah wie der Prototyp des VW Golf I.

Ein Fahrzeug, das bei seinem geplanten Erscheinen 1969 wahrscheinlich Weltspitze gewesen wäre, dessen Produktion aber von der DDR-Regierung abgeschmettert wurde!

Ebenso erging es dem geplanten P610, später als P1100/1300 bezeichnet: Der P610 war als moderner Dreitürer mit Fließheck und Viertakt-Motor konzipiert, ein Auto, das sich seinerzeit mit einem VW Polo hätte messen können. Bis 1979 flossen rund 35 Millionen DDR-Mark an Entwicklungskosten in das weit gediehene Fahrzeug, es sollte 1984 in Produktion gehen. Im November 1979 kam dann aber das Aus für das Projekt: Das SED-Politbüro musste wegen Nicht-Finanzierbarkeit der weiteren Investitionssummen die finanzielle Notbremse ziehen – alle bisher getätigten Investitionen in den P610 waren damit umsonst! Derartige Projekte gingen weit über die Leistungsfähigkeit der DDR-Volkswirtschaft hinaus. Statt zu weiteren Eigenentwicklungen kam es dann in den 80er-Jahren zu einer Kooperation mit den Volkswagen-Werken.

Import-Pkw aus den sozialistischen Bruderländern waren bei den DDR-Bürgern ebenso begehrt wie die heimischen Produkte. Allerdings war die Zahl der Importe stark eingeschränkt und trotz RGW-Planwirtschaft oft nicht planmäßig – sei es aus Materialengpässen oder sich kurzfristig ergebenden Absatzmöglichkeiten im NSW, die dann erst einmal bevorzugt gegen Devisen bedient wurden. Auch bei diesen Modellen galten die geschilderten Anmeldeprozeduren und langjährigen Wartezeiten. Die Planung und Zuteilung der Fahrzeugkontingente erfolgte zentral über den RGW, ebenso verhielt es sich bei den Ersatzteilen. So begehrt ein Škoda, Lada oder Dacia war, deren Ersatzteilversorgung war durch den Import noch deutlich schwieriger als bei den im Inland gefertigten Fahrzeugen.

Die Ausstattung der DDR-Haushalte mit PKW nahm in den letzten Jahren der DDR erheblich zu, bedingt natürlich auch durch die im Vergleich zum Westen hohe Lebensdauer der Fahrzeuge. Im Jahr 1969 besaßen 14 Prozent aller DDR-Haushalte mindestens ein eigenes Auto. 1979 waren es bereits 38 Prozent. Im Jahr 1988 verfügten schließlich 55 Prozent aller DDR-Haushalte über mindestens ein eigenes Auto. Zum Vergleich: In der Bundesrepublik Deutschland besaßen 1988 61 Prozent aller Haushalte ein oder mehrere Autos. Die DDR hatte sich hier westlichem Niveau angenähert.

„Blühende Landschaften" versprach Bundeskanzler Helmut Kohl 1990 den DDR-Bürgern zur Einführung der Währungs-, Wirtschafts- und Sozialunion zwischen der DDR und der BRD. Blühende Landschaften gab es aber auch schon vor Kohl. Nein, nicht wenn selbiger blühte, sondern der Raps! Alljährlich im Mai, wie hier in Thüringen, verwandelte das leuchtend gelb blühende Kreuzblütengewächs ganze DDR-Landstriche in blühende Landschaften. Und weil das hier ein Auto-Buch ist, steht vor dem Rapsfeld standesgemäß der „Mercedes des Ostens" – ein Lada 2104 (Baujahr 1987). Noch dazu einer der gefragten Kombis, nach denen sich Gewerbetreibende die Hacken wund liefen. Mit Rapsöl fuhr er aber nicht, der Lada. Das war damals noch kein Thema.

IFA F8

Neuauflage der *Vorkriegs-DKW-Meisterklasse*

Nach dem Zweiten Weltkrieg wurde im ehemaligen Zwickauer Audi-Werk, welches wie Horch nun zum Industrieverband Fahrzeugbau (IFA) gehörte, die Pkw-Fertigung wieder aufgenommen. Bereits auf der Leipziger Frühjahrsmesse 1948 ausgestellt verließ der IFA F8 ab Mai 1949 das Werk. Vor dem Krieg führte der Zweizylinder-Zweitakter die Bezeichnung „DKW-Meisterklasse“. Nach der Limousine folgten die Varianten Cabrio-Limousine, Lieferwagen, Kombi, Pritschenwagen, Kabriolett, Export-Kabriolett. Die altertümliche Bauweise erfuhr erst ab 1953 geringfügige technische und optische Verbesserungen. Bis 1957 wurden vom F8 26.267 Fahrzeuge gebaut, und bis zum Ende der DDR waren einige dieser Autos tatsächlich noch im täglichen Einsatz.

Technische Daten	IFA F8
Hersteller	IFA Vereinigung Volkseigener Fahrzeugwerke, Werk Audi
Erstes Baujahr	1949
Höchstgeschwindigkeit	85 km/h
Motor	Zweizylinder-Zweitakt-Ottomotor
Hubraum	684 cm³
Leistung	15 kW (20 PS) bei 3.500 U/min
Max. Drehmoment	49 Nm bei 2.500 U/min
Abmessungen L/B/H	4.000/1.480/ 1.480 mm
Leermasse	Limousine 800 kg Kabriolett 830 kg
Zulässige Gesamtmasse	Limousine 1.140 kg Kabriolett 1.170 kg
Bereifung	5,00-16
Verbrauch 2-Takt-Gemisch	8,5 Liter/100 km
Preise (in DDR-Mark)	8.415 bis 13.420

Eine gut erhaltene F8-Limousine steht im April 1992 auf der Ladestraße des Bahnhofs Rehna.
Unten: IFA F8 mit schöner Patina bei einem Fahrzeugtreffen in der Nähe von Neubrandenburg, 2006.

Ein DKW-Versuchsauto von 1939 geht in Serie

IFA F9

Diese schon etwas mitgenommene F9 309/0-Limousine wurde im Oktober 1988 in Görlitz fotografiert. Obwohl das Modell zum Zeitpunkt der Aufnahme schon ein echter Oldtimer war, wirkt die Linienführung des Wagens zeitlos elegant. *Unten:* Ein museal erhaltenes F9 309/2-Kabriolett in Nordhausen.

Zusammen mit dem DKW F8 wurde auch der DKW F9 auf der Leipziger Frühjahrsmesse 1948 vorgestellt. Dabei handelte es sich um ein geringfügig überarbeitetes Versuchsauto der Auto-Union AG (Chemnitz) aus dem Jahr 1939, welches zur damaligen Zeit durch seine strömungsgünstige Form auffiel, wegen des Kriegs aber nicht mehr in Serie gebaut werden konnte. Der Serienbau des Dreizylinder-Zweitakters begann im Oktober 1950 im Zwickauer Werk und lief dort bis 1953. Auch beim F9 flossen im Laufe der Zeit geringfügige Änderungen ein, wie eine durchgehende statt geteilte Frontscheibe und teilweiser Kunststoffeinsatz an der Karosserie. Ab 1952 wurde die Limousine als IFA F9 angeboten. Bis März 1953 entstanden in Zwickau lediglich 1.880 F9-Fahrzeuge, davon 1.627 Limousinen, der Rest waren Kabrioletts, Kombis und Sportwagen. Von 1953 bis 1956 wurde die F9-Produktion in das EMW-Werk nach Eisenach verlagert, weil die Zwickauer Probleme mit der Tiefziehblechbeschaffung hatten. In Eisenach entstanden bis Mai 1956 38.783 Fahrzeuge, davon 3.022 Kombis, 1.329 Kabrioletts und 680 Kabrio-Limousinen. Auch der F9 – wie der F8 ein Vorkriegs-Modell – war bis 1989 gar nicht so selten auf den DDR-Straßen anzutreffen.

Technische Daten	IFA F9
Hersteller	VEB Automobilwerk Zwickau
Erstes Baujahr	1950
Höchstgeschwindigkeit	Limousine/Kabrio 110 km/h, Kombi 90 km/h
Motor	Dreizylinder-Zweitakt-Ottomotor
Hubraum	900 cm³
Leistung	21 kW (28 PS) bei 3.600 U/min
Max. Drehmoment	74 Nm bei 2.500 U/min
Abmessungen L/B/H	Limousine 4.200/1.600/1.450 mm Kabriolett 4.200/1.600/1.500 mm Kombi 4.200/1.650/1.570 mm
Leermasse	Limousine 900 kg Kabriolett 920 kg Kombi 960 kg
Zulässige Gesamtmasse	Limousine/Kabriolett 1.125 kg Kombi 1.400 kg
Bereifung	5,00-16, Kombi 5,50-16
Verbrauch 2-Takt-Gemisch	10 Liter/100 km, Kombi 11 Liter/100 km
Preise (in DDR-Mark)	13.200 bis 14.000

AWZ P70

Eine Kompromisslösung in Duroplast

Ein wunderschöner, museal erhaltener P70 K (K steht für Kombi) aus Wernigerode. Die kunststoffbeplankte Holzkarosserie bescherte den Kombimodellen des P70 nicht selten Probleme: Da Holz ein nachgiebiges Material ist, knickten diese Kombis im Laufe der Zeit gerne ab der B-Säule unter dem Gewicht ihrer Ladung weg. Das ist bei genauem Hinsehen auch bei dem abgebildeten P 70 K zu erkennen.

Technische Daten	AWZ P70
Hersteller	VEB Sachsenring Automobilwerk Zwickau
Erstes Baujahr	1955
Höchstgeschwindigkeit	90 km/h, Coupé 90 km/h
Motor	Zweizylinder-Zweitakt-Ottomotor quer zur Vorderachse
Hubraum	684 cm³
Leistung	16 kW (22 PS) bei 3.500 U/min
Max. Drehmoment	53 Nm bei 2.500 U/min
Abmessungen L/B/H	Limousine 3.740/ 1.500/1.480 mm Coupé 3.740/ 1.500/1.400 mm Kombi 3.740/ 1.500/1.480 mm
Leermasse	Limousine 800 kg Coupé 875 kg Kombi 830 kg
Zulässige Gesamtmasse	1.150 kg
Bereifung	5,00-16
Verbrauch 2-Takt-Gemisch	Limousine 8,5 Liter/100 km, Coupé und Kombi 9 Liter/100 km
Preise (in DDR-Mark)	Limousine 9.250 Kombi 9.900 Coupé 11.700

Die Prototypen des künftigen P50 (siehe Seite gegenüber) waren 1954 fertiggestellt, nicht aber die dafür nötigen Produktionseinrichtungen. Um dennoch ein Fahrzeug produzieren zu können, entschied man sich für eine Kompromisslösung: Man verlängerte die Duroplast-Karosserie des Projekts P50 um 10 Zentimeter und setzte sie auf eine um 22 Zentimeter gekürzte F8-Plattform. Das Skelett der P70-Karosserie bestand noch aus Hartholz und bescherte diesem gegenüber dem F8 ein höheres Gewicht. Ab April 1955 wurde eine Nullserie von 50 Stück gefertigt; die Serienfertigung begann am 1. Juli 1955. Der P70 wurde der Öffentlichkeit erstmals auf der Leipziger Herbstmesse 1955 vorgestellt. Als Nachfolger des F8 hatte der P70 einen etwas kürzeren Radstand bei sonst gleichem Fahrwerk und einen um 180 Grad gedrehten Motor vor der Vorderachse. Der Motor hatte einen Leichtmetall-Kopf mit Mittelkerze. Das Getriebe besaß Krückstockschaltung und war unsynchronisiert. Kurios war der nur von innen zugängliche Kofferraum der Limousine. Heckklappen wurden von Werkstätten nachträglich eingebaut. Bei einer Überarbeitung im Jahr 1956 wurden einige Details wie das Armaturenbrett, die Heckleuchten und die Seitenfenster neu gestaltet. Im Jahr 1959, zwei Jahre nach dem Serienstart des P50, lief die Produktion des P70 aus. Zu der Anzahl der gefertigten Autos gibt es verschiedene Angaben: Zwischen 32.000 und 37.000 Fahrzeuge sollen es gewesen sein. Die beim P70 gewonnenen Erfahrungen mit dem erstmals im Serieneinsatz verwendeten Werkstoff Duroplast kamen dem etwas später erschienenen Trabant P50 zugute.

Der „Kugelporsche“ – Volkswagen des Ostens

Trabant P50, P50/1, P60, P50/1 Universal, P60 Universal

Mitte der 50er-Jahre bestand – im Gegensatz zu heute – keine echte Notwendigkeit, ein Auto zu besitzen. Man konnte auch vom kleinsten Dorf preisgünstig mit Bus oder Bahn die DDR-Welt bereisen. Die rasante Motorisierung im Westen gab wahrscheinlich den Ausschlag zu folgender Zielstellung für die Automobilkonstrukteure in der DDR: „Ein vollwertiges Automobil für viele werktätige Menschen sollte geschaffen werden, das bei außerordentlicher Wirtschaftlichkeit vier Personen genügend Platz bietet, zweckmäßig ausgestattet, zuverlässig und leistungsfähig sein sollte – keinesfalls aber lediglich eine primitive Fahrmaschine, nur so eine primitive Übergangslösung mit einem ‚Dach über dem Kopf'.“

Der P50 wurde auf den Namen „Trabant“ (Begleiter) getauft, weil gerade zu dieser Zeit der erste künstliche Erdtrabant Sputnik 1 den Planeten umkreiste. Ein treuer Begleiter ist dieses Wägelchen schließlich für viele einfache Leute geworden. Die selbsttragende Karosserie besteht aus einem Stahlblechgerippe mit Duroplast-Pressstoffbeplankung. In den Türen sind Schiebefenster eingebaut. Die Kurbelwelle ist dreifach gelagert (Wälzlager), ➛

Oben: Eine P50/2-Limousine Standard. Die Chromzierleiste unter dem Sachsenring-Logo war keine Serien-Ausstattung.
Unten: Der Besuch kommt im Juli 1966 mit einem P50/1. Aus dieser Perspektive ist die runde Form des 500er-Trabant – die ihm den Spitznamen „Kugelporsche“ einbrachte – gut zu erkennen.

Der „Kugelporsche“ – Volkswagen des Ostens

der Pleuel rollengelagert. Schmierung durch Zweitaktgemisch. Die Luftkühlung erfolgt durch ein von der Kurbelwelle über den Keilriemen betriebenes Axialgebläse. Die Kraftübertragung erfolgt über Einscheiben-Trockenkupplung, Vierganggetriebe mit sperrbarem Freilauf (Stockschaltung an der Lenksäule) und Kegelrad-Ausgleichsgetriebe auf die Vorderräder. Diese haben Einzelradaufhängung an einer vorderen Querblattfeder und unteren Querlenkern, hinten Pendelachse mit Dreiecklenkern und Querblattfeder. Der Tank im Motorraum gibt den Kraftstoff durch Schwerkraft über eine Fallleitung ab. Dazu muss bei Fahrtantritt der Benzinhahn im Fußraum betätigt werden. Am 7. November 1957 begann die Produktion des P50 im VEB Automobilwerk AWZ Zwickau. Ein halbes Jahr später wurde dieses Werk mit dem VEB Sachsenring Kraftfahrzeug und Motorenwerk Zwickau zum VEB Sachsenring Automobilwerk Zwickau fusioniert. Bis 1963 wurden 130.000 Einheiten des P50 gebaut, davon 11.600 in Universal (Kombi)-Ausführung. Ab 1963 wurde der P50 vom P60 abgelöst. Äußerlich so gut wie unverändert, besaß das Fahrzeug nun einen auf 17 kW (23 PS) erstarkten 600-cm³-Motor. Vom P60 verließen ca. 106.000 Exemplare das Werk, davon 36.000 als Kombi.

P60 Universal de luxe in Marmor-Weiß mit seitlichem Zierstreifen in Firnblau hell. Der passende Anhänger ist ein Eigenbau des Fahrzeughalters.

Technische Daten	P50	P50/1	P60
Hersteller	– VEB Sachsenring Automobilwerk Zwickau –		
Erstes Baujahr	1958	1960	1963
Höchst-geschwindigkeit	90 km/h	90, ab 1962 100 km/h	100 km/h
Motor	– Zweizylinder-Zweitakt-Ottomotor quer vor der Vorderachse mit asymmetrischer Einlass-Flachschiebersteuerung und Luftkühlung –		
Hubraum	499 cm³	499 cm³	595 cm³
Leistung	12 kW (17 PS), ab 1958 13 kW (18 PS) bei bei 3.900 U/min	15 kW (20 PS) 3.900 U/min	17 kW (23 PS) bei 3.900 U/min
Max. Drehmoment	41 Nm bei 2.750 U/min	44 Nm bei 2.750 U/min	51 Nm bei 2.750 U/min
Abmessungen L/B/H	Limousine 3.375/1.500/1.395 mm	Limousine 3.360/1.493/1.410 mm Kombi 3.360/1.493/1.460 mm	Limousine 3.360/1.493/1.410 mm Kombi 3.360/1.493/1.460 mm
Leermasse	Limousine 620 kg	Limousine 620 kg Kombi 660 kg	Limousine 620 kg Kombi 660 kg
Zulässige Gesamtmasse	Limousine 950 kg	Limousine 950 kg Kombi 1.000 kg	Limousine 950 kg Kombi 1.000 kg
Bereifung	5,20-13	5,20-13	5,20-13
Verbrauch 2-Takt-Gemisch	Limousine 8 Liter/100 km	Limousine 8 Liter/100 km Kombi 8,5 Liter/100 km	Limousine 8,5 Liter/100 km Kombi 9 Liter/100 km
Preise (in DDR-Mark)	– 7.450 bis 8.900 –		7.850 bis 9.900

Der P60 in neuem Gewand – der *klassische* Trabi

Trabant 601 / 601 Universal

Auf der Herbstmesse 1963 wurde er erstmals der Öffentlichkeit gezeigt und ab Juli 1964 in Serie gefertigt – der Trabant 601. Die Technik des P60 wurde zwar beibehalten, aber die Karosserie erhielt eine kantigere Form. Statt der Schiebefenster in den Türen wurden nun Kurbelfenster eingebaut. Der Kofferraum wurde auf 420 Liter vergrößert, lag aber höher als beim P60. Im Laufe der Zeit kamen noch folgende Varianten auf den Markt:

März 1964, Ausführung mit elektrohydraulisch gesteuerter Kupplungsbetätigung („Hycomat"); August 1965, Trabant 601 Universal (Kombi) mit nach oben zu öffnender Heckklappe; 1966, Version „de luxe" (Limousine und Kombi) – später als „S" bezeichnet – mit besseren Sitzen, Zündanlass-Lenkerschloss, elektromagnetischem Abblendschalter und „S-de luxe" mit zusätzlich farbig lackiertem Dach und beleuchtetem Motorraum; Herbst '66, Kübelwagen 601A (Armee) und F (Forst) mit teilweisem Blechaufbau, Türausschnitten, ➛

Oben: Gleich drei Trabant 601 stehen im Februar 1991 vor dem Bahnhof Könnern.
Unten: Urlaub im Juli 1989 auf einem Zeltplatz im Böhmerwald. Die Urlauber aus der DDR sind mit einem Trabant 601 Universal S angereist. Rechts im Hintergrund steht ein Golf II mit Eberswalder Kennzeichen. Diese Fahrzeuge wurden über die GENEX Geschenkdienst GmbH gegen DM in die DDR geliefert.

Trabant 601 / 601 Universal

Der P60 in neuem Gewand – der *klassische* Trabi

Technische Daten	P601
Hersteller	VEB Sachsenring Automobilwerk Zwickau
Erstes Baujahr	1964
Höchstgeschwindigkeit	100 km/h, Kombi 95 km/h, ab Oktober 1974 105 km/h
Motor	Zweizylinder-Zweitakt-Ottomotor quer vor der Vorderachse
Hubraum	595 cm³
Leistung	17 kW (23 PS) bei 4.000 U/min, ab 1969 19 kW (26 PS) bei 4.000 U/min
Max. Drehmoment	51 Nm bei 2.750 U/min, ab 1969 53 Nm bei 3.000 U/min
Abmessungen L/B/H	Limousine 3.555/ 1.504/1.437 mm Kombi 3.560/ 1.510/1.467 mm Kübelwagen 3.500/ 1.600/1.500 mm
Leermasse	Limousine 620 kg Kombi 660 kg Kübelwagen 645 kg
Zulässige Gesamtmasse	Limousine 1.000 kg Kombi 1.040 kg Kübelwagen 1.020 kg
Bereifung	5,2-13, bzw. 145 SR 13 (1973 ab Werk)
Verbrauch 2-Takt-Gemisch	Limousine 8,5 Liter/100 km Kombi und Kübel 9 Liter/100 km
Preise (in DDR-Mark)	10.952 bis 15.000

Rohr-Stoßfängern und außen angebrachtem Ersatzrad.
Im Jahr 1978 wurde der Kübelwagen für zivile Zwecke als Version „Tramp“ auf den Exportmärkten angeboten.
Weitere Detailverbesserungen gab es im Laufe des langen Fertigungszeitraumes: 1965 rechteckiges, 1968 wieder rundes Kombiinstrument, Schmutzfänger für die Hinterräder, neuer Ansauggeräuschdämpfer, ab 1967 wartungsfreie Spurstangen-Gelenke, ab 1967 Duplex-Bremsen vorn, ab 1969 600-cm³-Motor, 1969 Innenraum-Zwangsentlüftung, 1972 26- statt 24-Liter-Tank, Zündkerzen M14 statt wie bisher M18, Scheibenwischer-Intervallschaltung, ab 1980 Zweikreis-Bremsanlage, Nebelschlussleuchte, Rückfahrscheinwerfer, ab 1982 Automatik-Gurte, Gasdruckfedern an der Heckklappe, ab 1983 Drehstrom-Lichtmaschine und 12-V-Anlage, Kraftstoff-Momentan-Verbrauchsanzeige (wegen

der mehr oder weniger zahlreich aufleuchtenden Leuchtdioden auch „Mäusekino“ genannt), ab 1984 ausstellbare Fondfenster. Am 23. Juli 1990 lief der letzte Zweitakter vom Band, insgesamt wurden vom P601 2.818.547 Stück gebaut.

Oben: Ein Trabant 601 Universal S mit Frontspoiler, aufgenommen 1991 in Oschatz.
Unten: Ein Kübelwagen Trabant 601A Ausführung GT (Grenztruppen) der NVA mit teilweisem Blechaufbau, Türausschnitten, Rohr-Stoßfängern und hinten, außen angebrachtem Ersatzrad. Dieser nach Originalzeichnungen perfekt restaurierte Kübel ist museal erhalten.

Der Trabi mit Viertaktmotor

Trabant 1.1

Den Viertakt-Trabi erkennt man bei genauerem Hinschauen am von außen zugänglichen Tankverschluss, der kantigen Motorhaube und dem veränderten Kühlergrill. *Unten:* Ein Trabant 1.1 Universal mit dem „Müller-Autodachzelt", das in der DDR als „Pension Sachsenruh" bekannt war.

Nachdem die Automobilwerke Zwickau und Eisenach sechsstellige Summen in Pkw-Neuentwicklungen gesteckt hatten, verboten die staatlichen Entscheidungsträger am 15. November 1979 die Fortführung dieser Aktivitäten (siehe auch Seite 15). Stattdessen kaufte die DDR von den Volkswagen-Werken eine gebrauchte Fertigungsstraße für 1.100- und 1.300-cm³-Vierzylinder-Viertaktmotoren der Alpha-Baureihe, welche bisher im VW Polo Verwendung fanden. Die Fertigungsstraße fand ihren Platz im VEB Barkas-Werk Karl-Marx-Stadt (jetzt wieder Chemnitz). Im Mai 1990 begann die Serienproduktion des Viertakt-Trabant 1.1. An der Karosserie waren aufwendige Änderungen notwendig, um den VW-Motor unterzubringen. Motor- und Kofferraumhaube wurden erhöht und gerieten kantiger. Die Spurweiten wurden vergrößert. Der Tank wurde von seinem bisherigen Platz im Motorraum ins Fahrzeugheck verlegt, sodass der Tankverschluss nun von außen zugänglich war. Statt der Lenkstock- gab es nun eine Knüppelschaltung. Als alle Voraussetzungen zur nachfragegerechten Produktion endlich geschaffen waren – es sollten zu 80 % Kombis entstehen – stockte der Absatz durch die politischen Veränderungen in der DDR und die Währungs-, Wirtschafts- und Sozialunion mit der Bundesrepublik. Für alle Bürger waren nun westliche Modelle zugänglich und der Trabant nicht mehr gefragt. Am 30. April 1991 lief der letzte, der 39.474te Viertakt-Trabant 1.1 vom Band. 444 neue Trabant 1.1 kamen 1994 aus der Türkei zurück – weil dort unverkäuflich – und gingen in Deutschland für 20.000 DM an Liebhaber des einstigen DDR-Volkswagens.

Technische Daten	Trabant 1.1
Hersteller	VEB Sachsenring Automobilwerk Zwickau
Erstes Baujahr	1990
Höchstgeschwindigkeit	125 km/h
Motor	Vierzylinder-Viertakt-Ottomotor quer vor der Vorderachse
Hubraum	1.043 cm³
Leistung	30 kW (40 PS) bei 5.300 U/min
Max. Drehmoment	73 Nm b. 3.000 U/min
Abmessungen L/B/H	Limousine 3.410/1.515/1.440 mm Kombi 3.560/1.510/1.470 mm Kübelwagen 3.500/1.510/1.500 mm
Leermasse	Limousine 700 kg Kombi 740 kg Kübelwagen 725 kg
Zulässige Gesamtmasse	Limousine 1.085 kg Kombi 1.125 kg Kübelwagen 1.100 kg
Bereifung	145 R 13 155/70 SR 13
Verbrauch	Limousine 8 Liter/100 km
Preise (in DDR-Mark)	18.900

Wartburg 311 / 312 / Kombi

Ein Automobil für höhere Ansprüche

Einige elegante Vorserienmuster mit der Bezeichnung EMW 311, zwei- und viertürig, basierend auf dem IFA F9 (Rahmen, Motor, Getriebe), aber mit neuer Karosserie, überzeugten im April 1955 die staatlichen Entscheidungsträger zur Freigabe der Serienproduktion eines dieser Fahrzeuge. Sie entschieden sich für die viertürige Variante mit 10 cm längerem Radstand. Die 12 Fahrzeuge aus der im Oktober 1955 im Automobilwerk Eisenach angelaufenen Vorserienproduktion wurden im Bezirk Erfurt verkauft. Auf der Leipziger Frühjahrsmesse 1956 wurde das neue Modell aus Eisenach unter dem Namen „Wartburg" (Namensgeber war die Wartburg in Eisenach) der Öffentlichkeit präsentiert: als Limousine 311/0 Standard, Kabriolett 311/2, Kombi 311/9 (Hecktür seitlich zu öffnen) und 311/5a Schnelltransporter (offene Ladefläche). Ab 1957 gingen sie in die Serienproduktion. Eine Variante als Einsatzwagen für Polizei und Feuerwehr mit der Bezeichnung 311/4 wurde bis 1964 900-mal gefertigt. Form- und Farbgestaltung aller Modelle befanden sich auf der Höhe ihrer Zeit. Ständige Verbesserungen erhöhten den Gebrauchswert, zum Beispiel: ab 1958 teilsynchronisiertes Vierganggetriebe, Duplex-Bremsen vorn, geänderter Kühlergrill und Zierleisten, 38-PS-Motor – bis 1961 gesteigert auf 42 PS – größerer Tank (44 statt 40 Liter). Bis 1961 wurden 160.000 Einheiten gefertigt, davon 100 Schnelltransporter (Pick-up), 3.000 Camping-Limousinen, 5.000 Reise-Coupés und 13.000 Kombis. Die Fertigung der Cabrios endete 1960, von ihnen entstanden 2.000 Stück.

Wartburg 311 / 312 / Kombi

Technische Daten	Wartburg 311	Wartburg 312
Hersteller	– VEB Automobilwerk Eisenach –	
Erstes Baujahr	– 1956 –	
Höchstgeschwindigkeit	144 km/h, Kombi 95 km/h	122 km/h, Kombi 105 km/h
Motor	– Dreizylinder-Zweitakt-Ottomotor längs vor der Vorderachse –	
Hubraum	900 cm^3	992 cm^3
Leistung	27 kW (37 PS) bei 4.000 U/min	32 kW (45 PS) bei 4.250 U/min
Max. Drehmoment	81 Nm bei 2.200 U/min	91 Nm bei 3.000 U/min
Abmessungen L/B/H	Limousine 4.300/1.570/1.450 mm Kabriolett 4.300/1.570/1.450 mm Coupé 4.210/1.570/1.450 mm Camping 4.210/1.570/1.450 mm Kombi 4.250/1.570/1.475 mm	4.300/1.590/1.520 mm 4.370/1.570/1.440 mm 4.350/1.570/1.440 mm 4.210/1.570/1.450 mm 4.350/1.570/1.500 mm
Leermasse/ Zulässige Gesamtmasse	Limousine 960/1.330 kg Kabriolett 1.010/1.350 kg Coupé 1.010/1.350 kg Camping 1.040/1.420 kg Kombi 1.070/1.470 kg	935/1.305 kg – 905/1.325 kg 1.040/1.420 kg 1.050/1.445 kg
Bereifung	5,9-15, Kombi	6,5-156,00-13
Verbrauch 2-Takt-Gemisch	– Limousine 10 Liter/100 km – – Kombi 10,5 Liter/100 km –	
Preise (in DDR-Mark)	– ca. 16.000 bis 18.000 –	

Ein wunderschönes, museal erhaltenes Wartburg 311-Kabriolett mit geteilter vorderer Stoßstange, kleinem Grill, zweifarbiger Lackierung und Weißwand-Reifen. Die Besonderheit des abgebildeten Kabrioletts besteht darin, dass es ein ehemaliges USA-Exportmodell ist. Es handelte sich um einen Export-Rücklauf, weil – nach der Überlieferung – die Polster fehlerhaft waren.

Linke Seite oben: Eine sehr gepflegte Wartburg 312 Camping-Limousine, aufgenommen im Januar 1991 in Köthen.

Linke Seite unten: Auf seinen guten alten Wartburg 311 Coupé wollte der Besitzer dieses Fahrzeugs in Chemnitz auch 1994 noch nicht verzichten.

Wartburg 353 / Tourist

Das begehrte Familienauto aus DDR-Produktion

Kleines Bild: Ab 1984 erschien der Wartburg mit modernisierter, in Wagenfarbe lackierter Frontpartie mit vier horizontalen Schlitzen statt des bisherigen Kühlergitters. Hier ein Wartburg 353 W Tourist. *Unten:* Wartburg 353 W Limousine mit Chromgrill, geschwärzten Türgriffen und Kunststoff-Hörnern auf den Stoßstangen.

Mit Beginn der Serienfertigung wurde im August 1966 die neue Wartburg-Limousine (Typ 100/104) vorgestellt. Nach wie vor mit Frontantrieb und Zweitaktmotor (45 PS), sowie Schraubenfeder-Radaufhängungen wie beim Wartburg 312, wurde der 353 aber mit einer völlig neuen Karosserie ausgestattet, deren Design kantiger ausfiel als beim Vorgängermodell. Als Verbesserungen folgten 1967 das vollsynchronisierte Getriebe und 1968 neue Stoßdämpfer. Der Kombi „Tourist" (Typ 900/904) mit der Karosserie aus dem VEB Karosseriewerk Dresden kam im Oktober 1967 auf den Markt. Ab 1968 gab es als Sonderausstattung ein Stahlschiebedach, und ab 1969 stieg die Leistung dank eines neuen Vergasers und neuer Kurbelwelle von 45 auf 50 PS. Ab 1971 folgten Radialreifen 165 SR 13 als Sonderausstattung sowie ein leistungsstärkerer Kühler. Ab 1972 verlängerte sich die Sonderausstattungsliste noch um Schalensitze, ➛

Wartburg 353 / Tourist

Knüppelschaltung, Gürtelreifen, Halogen-Nebelscheinwerfer und eine Nebelschlussleuchte. Ab April 1975 wurde der äußerlich fast unveränderte Wartburg 353 W gefertigt. Er besaß Scheibenbremsen vorn, Zweikreis-Bremshydraulik, Drehstrom-Lichtmaschine, Halogen-Scheinwerfer und eine Sicherheits-Lenksäule sowie ab 1978 eine beheizte Heckscheibe (als Extra) und ab 1980 Kopfstützen für die Vordersitze. Durch einen neuen Jikov-Registervergaser sank ab 1982 der Kraftstoffverbrauch. Ab 1984 wurde in kleiner Stückzahl ein Notarztwagen 353 W MED sowie ein Pick-up gefertigt, von Letzterem bis 1988 6.903 Stück. 1984 wurde die bisherige De-luxe-Ausführung durch die S-Ausführung ersetzt, und bei allen 353 wurden die bisher verchromten Teile durch schwarze, pulverbeschichtete ersetzt, auch das Ziergitter im Kühlergrill. 1984 wurde das Ziergitter durch ein in Wagenfarbe lackiertes Frontteil mit vier Schlitzen (statt der Gitter) ersetzt und der Kühler nach vorn verlegt. Er bekam ein elektrisch angetriebenes, thermostatisch gesteuertes Kühlgebläse. Die letzte 353 W-Limousine wurde im Oktober 1988 und der letzte Tourist im März 1989 ausgeliefert.

Der Wartburg 353 W war das Universalfahrzeug für alle Dienstzweige und Diensteinheiten der Deutschen Volkspolizei der DDR und dementsprechend oft auf den Straßen anzutreffen.

Technische Daten	Wartburg 353	Wartburg 353/1	Wartburg 353 W
Hersteller	- VEB Automobilwerk Eisenach -		
Erstes Baujahr	1966	1969	1964
Höchst-geschwindigkeit	125 km/h	130 km/h	130 km/h
Motor	- Dreizylinder-Zweitakt-Ottomotor längs vor der Vorderachse -		
Hubraum	992 cm³	992 cm³	
Leistung	33 kW (45 PS) bei 4.250 U/min	37 kW (50 PS) bei 4.250 U/min	
Max. Drehmoment	91 Nm bei 3.000 U/min	98 Nm bei 3.000 U/min	
Abmessungen L/B/H	Limousine 4.220/1.642/1.495 mm Kombi 4.380/1.642/1.495 mm	4.220/1.642/1.495 mm 4.380/1.642/1.496 mm 4.195/1.642/1.485 mm (Pick-up)	
Leermasse/ Zulässige Gesamtmasse	Limousine 910 kg / 1.300 kg Kombi 970 kg / 1.410 kg	910 kg / 1.300 kg 970 kg / 1.410 kg 840 kg / 1.540 kg (Pick-up)	
Bereifung	6,00-13	6,00-13 Kombi ab 1971 165 SR 13	
Verbrauch 2-Takt-Gemisch	Limousine 10 Liter/100 km Kombi 10,5 Liter/100 km	10 Liter/100 km 1 Liter/100 km	
Preise (in DDR-Mark)	- 16.950 (Limousine Standard) bis 20.770 (Tourist S) -		

Wartburg 1.3 / Tourist

Der Wartburg mit VW-Motor

Der Wartburg 1.3 unterschied sich äußerlich von seinen Zweitakt-Vorgängern durch eine niedrigere Motorhaube, eine Frontpartie mit nur drei Frontschlitzen, Scheinwerfer mit integrierten Blinkern und größere Rückleuchten mit Nebelschlussleuchten; Wartburg 1.3 Tourist S, fotografiert 1991 in Bernburg.

Technische Daten	Wartburg 1.3
Hersteller	VEB Automobilwerk Eisenach
Erstes Baujahr	1988
Höchst-geschwindigkeit	140 km/h
Motor	Vierzylinder-Viertakt-Ottomotor quer vor der Vorderachse
Hubraum	1.272 cm³
Leistung	43 kW (58 PS) bei 5.400 U/min
Max. Drehmoment	94 Nm bei 3.300 U/min
Abmessungen L/B/H	Limousine 4.216/ 1.642/1.495 mm Kombi 4.276/ 1.642/1.495 mm
Leermasse/ Zulässige Gesamtmasse	Limousine 900 kg/ 1.320 kg, Kombi 950 kg / 1.400 kg
Bereifung	165/80 R13, 175-70 R13
Verbrauch	8 Liter/100 km
Preise (in DDR-Mark)	30.200 (Limousine) bis 35.190 (Tourist S)

Ebenso wie der Trabant, erhielt auch der Wartburg einen Viertaktmotor nach VW-Lizenz. Ab Oktober 1988 wurde die Limousine damit ausgeliefert; der Tourist folgte im März 1989. Der Motor war quer eingebaut – ein zunächst vorgesehener Längs-Einbau scheiterte an den Raumverhältnissen. Trotzdem waren noch einige Änderungen an Fahrwerk und Karosserie erforderlich: Spurweiten-Verbreiterung um 100 Millimeter, Kühlergrill-Frontblech mit drei statt der bisherigen vier Horizontalschlitze, niedrigere Motorhaube, Scheinwerfer mit integrierten Blinkern, größere Rück- und Nebelschlussleuchten. Für das Jahr 1990 war noch die Ablösung des Vier- durch ein Fünfganggetriebe sowie ein komplett neuer Instrumentensatz geplant, beides aber – wie dieses Auto insgesamt – fiel der politischen Wende in der DDR zum Opfer. Das Auto wurde unverkäuflich. Ursprünglich war geplant, den Wartburg 1.3 wegen der sehr hohen Investitionskosten in dieser Form bis 1995 mit 100.000 Einheiten im Jahr zu produzieren. Selbst eine drastische Senkung der Preise sowie weitere gestalterische Aufwertungen durch den aus Schwaben herbeigeholten Tuner Irmscher halfen nicht, gegen die dem Käufer jetzt zur Verfügung stehenden Alternativen anzukommen. Am 10. April 1991 wurde in Eisenach das letzte Exemplar des Wartburg 1.3 produziert. Insgesamt entstanden bis dahin rund 356.000 Typ 353, 870.000 Typ 353 W und knapp 153.000 Viertakter 1.3, darin enthalten sind 919 „Trans“ (Pick-up).

Ein charmantes Auto mit fortschrittlichem Fahrwerk

Škoda Octavia / Kombi

Dieser schon etwas mitgenommene Škoda Octavia Kombi war 1991 in Nienburg/Saale noch im Einsatz.

Technische Daten	Škoda Octavia / Super	Škoda Octavia Kombi / Super
Hersteller	– Škoda-Werke Mladá Boleslav, Vrchlabí und Kvasiny, ČSSR –	
Erstes Baujahr	1959 / 1961	1961 / 1969
Höchstgeschwindigkeit	110 / 115 km/h	125 km/h
Motor	– Vierzylinder-Viertakt-Ottomotor längs hinter der Vorderachse –	
Hubraum	1.089 / 1.221 cm³	1.221 cm³
Leistung	29 kW (39 PS) bei 4.500 U/min	33 kW (45 PS) bei 4.500 U/min
Max. Drehmoment	69 Nm bei 2.800 U/min / 78 Nm bei 2.500 U/min	81 Nm bei 3.000 U/min / 85 Nm bei 3.000 U/min
Abmessungen L/B/H	4.065/1.600/1.430 mm später 4.005/1.600/1.430 mm	4.065/1.600/1.430 mm
Leermasse	920 kg	970 kg
Zulässige Gesamtmasse	1.270 kg	1.365 kg
Bereifung	165/80 R13,	175-70 R13
Verbrauch	8 l/100 km / 8,5 l/100 km	8,7 l/100 km
Preise (in DDR-Mark)	14.500	15.500

Die tschechischen Škoda-Werke fertigten in den 50er- und 60-Jahren noch Fahrzeuge mit konventionellem Antriebsprinzip mit Frontmotor und Heckantrieb, die zunächst mit Nummern bezeichnet wurden und später Namen erhielten. Ab 1964 baute Škoda seine Pkw dann nur noch mit Heckmotoren. Dem ab 1955 gebauten Škoda 440, später Škoda Octavia, wurde ab 1957 der Škoda 445 an die Seite gestellt, der einen stärkeren Motor erhielt und später in Škoda Octavia Super umbenannt wurde. Mit dem Škoda 450 folgten ein Coupé und ein Cabrio, die später als Škoda Felicia bezeichnet wurden. Beim Škoda Octavia, von dem bis 1969 70.000 Stück in die DDR importiert wurden, waren vorn die Blattfedern seines Vorgängers Typ 440/445 (Import DDR: 6.000 Stück) durch Schraubenfedern ersetzt worden, aber äußerlich waren die Modelle nur am Kühlergrill zu unterscheiden. Für das alternativ zur Verfügung stehende 1,2-Liter-Modell musste wegen der schlechten Benzinqualität in der DDR die Verdichtung und damit die Leistung zurückgenommen werden. Insgesamt entstanden 396.000 Limousinen, 16.000 Kabrioletts und 54.000 Kombis. Obwohl das Nachfolgemodell Škoda 1000MB/1100MB bereits ab 1964 produziert wurde, lief die Produktion des Škoda Octavia Kombi in der ČSSR noch bis ins Jahr 1971 parallel zum 1000MB, da es von dem heckangetriebenen Nachfolger keinen Kombi gab.

Škoda 1000MB

Ein Heckmotor-Viertakter in der Wartburg-Preislage

Im Jahr 1964 begann in Mladá Boleslav die Ära der Heckmotor-Modelle mit dem Škoda 1000MB. Die Bezeichnung steht übrigens für 1.000 Kubikzentimeter Hubraum und den Produktionsstandort Mladá Boleslav. Die Umstellung auf die Heckmotoren war eine richtungsweisende Entscheidung für Škoda, auf der die weiteren Modelle 100/110 und später 105/120/130 basierten. Von 349.000 produzierten Exemplaren des Škoda 1000MB gingen reichlich 60.000 in die DDR, wo sie wegen ihrer Rostanfälligkeit schnell den Spitznamen „BMSR-Auto“ erhielten (was nicht den damals in Mode gekommenen Begriff „Betriebs-, Mess-, Steuer- und Regeltechnik“ abkürzte, sondern als „Böhmisch-Mährischer Schnell-Roster“ zu deuten war). Anfangs hatte der 1000MB eine große Panorama-Heckscheibe, große seitliche Lufteinlässe über den Hinterrädern und in Dachmitte eine durchlaufende Sicke. Später wurden die Lufteinlässe verfeinert und die Front geändert. Eine kleinere Heckscheibe, die mit der Frontscheibe identisch war, kam zum Einbau. Eine 1100er-Version und das Coupé wurden in der DDR nicht angeboten, ein Kombi-Modell gab es vom 1000MB nicht.

Oben: Der Besitzer dieses gut erhaltenen Škoda 1000MB in Leibchel (bei Lübben) wollte sich im Februar 2003 von seinem Schmuckstück ganz offensichtlich trennen. *Unten:* Dieser Škoda 1000MB hat noch die große Panorama-Heckscheibe der ersten Modellgeneration, die um den C-Holm etwas herumgezogen war.

Technische Daten	Škoda 1000MB
Hersteller	Škoda-Werke Mladá Boleslav, Vrchlabí und Kvasiny, ČSSR
Erstes Baujahr	1964
Höchstgeschwindigkeit	125 km/h
Motor	Vierzylinder-Viertakt-Ottomotor längs hinter der Hinterachse
Hubraum	988 cm³
Leistung	29 kW (40 PS) bei 4.650 U/min
Max. Drehmoment	66 Nm bei 3.000 U/min, ab 1966: 71 Nm bei 3.000 U/min
Abmessungen L/B/H	4.170/1.620/ 1.390 mm
Leermasse	775 kg
Zulässige Gesamtmasse	1.180 kg
Bereifung	155-14
Verbrauch	7,2 Liter/100 km
Preise (in DDR-Mark)	14.900

Der geringfügig überarbeitete 1000MB

Škoda S100

Der Škoda S100 bot etwas mehr Platz im Kofferraum unter der höheren Frontpartie und hatte Scheibenbremsen an den Vorderrädern. Der schwarze Ziergrill an der Front dieses S100 stammt wahrscheinlich von einem Wartburg und ist nicht serienmäßig. *Unten:* Der elegante Škoda S100 R war zum Zeitpunkt seines Erscheinens das einzige erhältliche Coupé im sozialistischen Wirtschaftsbereich und dementsprechend begehrt.

Der Škoda S100 entsprach technisch in etwa dem Škoda 1000MB, nur die Karosserie wurde überarbeitet. Von den 602.000 gebauten Exemplaren des S100 wurden 142.000 in die DDR geliefert, allerdings nicht die 1,1-Liter-Version. Vom Škoda 110 R, einer zweitürigen Sport-Coupé-Version des Škoda 100, die 57.000 Mal produziert wurde, gelangten immerhin gut 300 Fahrzeuge in die DDR. Der erhöhte Preis des Zweitürers schreckte potenzielle Interessenten nicht ab – gab es doch kein anderes Coupé als Alternative in der DDR.

Technische Daten	Škoda S100
Hersteller	Škoda-Werke Mladá Boleslav, Vrchlabí und Kvasiny, ČSSR
Erstes Baujahr	1970
Höchstgeschwindigkeit	130 km/h
Motor	Vierzylinder-Viertakt-Ottomotor längs hinter der Hinterachse
Hubraum	988 cm³
Leistung	35 kW (48 PS) bei 4.650 U/min
Max. Drehmoment	71 Nm bei 3.000 U/min
Abmessungen L/B/H	4.155/1.620/ 1.380 mm
Leermasse	805 kg
Zulässige Gesamtmasse	1.180 kg
Bereifung	155-14
Verbrauch	7 Liter/100 km
Preise (in DDR-Mark)	15.870

Škoda S105 / 120

Die letzten Heckmotor-Modelle von Škoda

Die Škoda S105/120 verfügten für Ostblock-Fahrzeuge über eine erstaunlich moderne Karosserieform. Dieser S105 L hat Rechteckscheinwerfer mit integrierten Blinkleuchten und waagerechte, große Heckleuchten. *Unten:* Ein Škoda S120 LS, fotografiert im Jahr 2006 in Leubsdorf.

Eine neue Baureihe mit stärker geänderter Karosserie folgte im Jahr 1976 in mehreren Varianten: Der Škoda S105 besaß Rundscheinwerfer, der Škoda S120 Doppel-Rundscheinwerfer. Bis 1983 wurden alle Varianten auf Rechteck-Scheinwerfer umgestellt. Vom Škoda S105 wurden 841.000 Stück und vom Škoda S120 1.071.000 Stück gebaut, von denen aber nur einige Zehntausend in die DDR gelangten. Ein als Importmodell für das Jahr 1989 angekündigter S130 mit 1,3-Liter-Motor und Fünfgangschaltung kam wie das Coupé nicht in der DDR zur Auslieferung.

Technische Daten	Škoda S105	Škoda S120
Hersteller	– Škoda-Werke Mladá Boleslav, Vrchlabí und Kvasiny, ČSSR –	
Erstes Baujahr	1976	1976
Höchstgeschwindigkeit	130 km/h	140/150 km/h
Motor	– Vierzylinder-Viertakt-Ottomotor längs hinter der Hinterachse –	
Hubraum	1.046 cm³	1.174 cm³
Leistung	34 kW (46 PS) bei 4.800 U/min	38/43 kW bei 5.000/5.200 U/min
Max. Drehmoment	75 Nm bei 3.000 U/min	85/90 Nm bei 3.000/3.250 U/min
Abmessungen L/B/H	4.160/1.595/1.400 mm	4.160/1.595/1.400 mm
ab 1983:	4.200/1.610/1.400 mm	4.200/1.610/1.400 mm
Leermasse	875 kg	875/890 kg
Zulässige Gesamtmasse	1.275 kg	1.275/1.285 kg
Bereifung	155 SR14, ab 1983 155 SR13	155 SR14, ab 1983 155 SR13
Verbrauch	7,5 Liter/100 km	8/8,6 Liter/100 km
Preise (in DDR-Mark)	15.950	18.200

Das letzte in die DDR importierte Škoda-Modell

Škoda S136 Favorit

Die kantige, von der italienischen Designfirma Bertone gestaltete Karosserie des Škoda Favorit war sehr rostanfällig. Auch dieser in Szczecin fotografierte S136 Favorit hatte Durchrostungen über den Radkästen. *Unten:* Bei den ersten Modellen hatte das Škoda-Logo seinen Platz noch neben dem rechten Scheinwerfer.

Der ab 1987 gebaute Kleinwagen Škoda Favorit war ein modernes viertüriges Frontantriebs-Modell mit Schrägheck und einer im Gegensatz zu den Vorgängern kantig gestalteten Karosserie. Der Motor, welcher vom Škoda S130 stammte, aber Verbesserungen zur Erhöhung der Lebensdauer und der Abgaswerte erhielt, war nun erstmals wieder vorn eingebaut. Zwei Motorvarianten, die auf dem gleichen Motorblock basierten und beide über 1.289 Kubikzentimeter Hubraum verfügten waren im Angebot: mit 40 kW (54 PS) und mit 46 kW (62 PS). In die DDR gelangten von dem bis 1995 gefertigten Modell nur einige zehntausend Stück. Die Kombi-Variante des Škoda Favorit, der Škoda Forman, war ab 1990 erhältlich, ein Pick-up-Modell folgte 1991. Bis 1993 wurden die Kleinwagen technisch und im Design immer wieder verändert und schließlich vom Škoda Felicia abgelöst.

Technische Daten	Škoda S136 Favorit
Hersteller	Škoda-Werke Mladá Boleslav, Vrchlabí und Kvasiny, ČSSR
Erstes Baujahr	1987
Höchstgeschwindigkeit	150 km/h
Motor	Vierzylinder-Viertakt-Ottomotor quer über der Vorderachse
Hubraum	1.289 cm³
Leistung	46 kW (62 PS) bei 5.000 U/min
Max. Drehmoment	94 Nm bei 3.000 U/min
Abmessungen L/B/H	3.815/1.620/ 1.415 mm
Leermasse	840 kg
Zulässige Gesamtmasse	1.290 kg
Bereifung	165/70 R 13
Verbrauch	7 Liter/100 km
Preise (in DDR-Mark)	ca. 23.000

Zaporoshets ZAZ-966 / -966A / -968

Der nicht sonderlich beliebte „Zappelfrosch“

Im der Saporoschski Awtomobilestroitelny Sawod (ЗАЗ, oder ZAZ) wurde ab 1967 der viersitzige Kleinwagen ZAZ-966 im Stil des NSU Prinz gefertigt, der auch in die DDR importiert wurde. Der luftgekühlte Boxermotor befand sich im Heck des Zweitürers. Der vordere Kühlergrill diente nur stilistisch-optischen Zwecken. Der Tankeinfüllstutzen befand sich im Motorraum. Eine Standheizung war serienmäßig vorhanden. Die Heizung des „Zappelfrosch“, wie er volkstümlich-eingedeutscht auch genannt wurde, soll sehr wirksam gewesen sein. Ansonsten war der robuste Kleinwagen – der 966A soll von Kolchosbauern zuweilen als Ackerschlepper zweckentfremdet worden sein – in der DDR nicht sonderlich beliebt, vielleicht wegen der ungewöhnlich kurzen Wartezeit, durch welche die Vorfreude ebenso kurz ausfiel … Der ZAZ-966 wurde von 1967 bis 1974 gebaut und vom ZAZ-968 abgelöst, der von 1974 bis 1980 produziert wurde. Dessen neuer V4-Motor MeMZ-968 hatte einen Hubraum von 1.200 Kubikzentimeter, der 33 kW (45 PS) leistete. Ihm folgte das Modell ZAZ-968M, welches aber nicht in der DDR erhältlich war.

Der wohl unbeliebteste Pkw in der DDR war der „Sappo“, oder „Zappelfrosch“. Dieser gut gepflegte ZAZ-968 mit zusätzlichem, nicht serienmäßigen Alu-Grill an der Front wurde in Nienburg/Saale aufgenommen. *Unten:* Als Kontrastprogramm zum glänzenden Bruder oben mag der rostige ZAZ-966A in Bernburg stehen. In dieser Perspektive ist die Ähnlichkeit mit dem NSU Prinz besonders gut zu erkennen.

Technische Daten	ZAZ-966	ZAZ-966A	ZAZ-968
Hersteller	– Automobilfabrik Zaporoshje, UdSSR –		
Erstes Baujahr	1967	1968	1972
Höchstgeschwindigkeit	105 km/h	120 km/h	120 km/h
Motor	– Vierzylinder-Viertakt-Ottomotor (Boxer) längs vor der Hinterachse –		
Hubraum	887 cm³	1.196 cm³	1.196 cm³
Leistung	20 kW (27 PS) bei 4.000 U/min	29 kW (40 PS) bei 4.400 U/min	29 kW (40 PS) bei 4.300 U/min
Max. Drehmoment	52 Nm bei 2.400 U/min	73 Nm bei 2.900 U/min	76 Nm bei 2.800 U/min
Abmessungen L/B/H	3.730/1.535/1.370 mm	3.730/1.535/1.370 mm	3.730/1.535/1.370 mm
Leermasse	740 kg	770 kg	800 kg
Zulässige Gesamtmasse	1.040 kg	1.070 kg	1.100 kg
Bereifung	5,20-13, 6.15-13	5,20-13, 6.15-13	5,20-13, 6.15-13, 145 SR 13
Verbrauch	8 Liter/100 km	8,5 Liter/100 km	8 Liter/100 km
Preise (in DDR-Mark)	11.947	11.947	11.947

Der polnische Lada-Konkurrent

Polski-Fiat 125p

Ein schmucker Polski Fiat 125p mit Chrom-Grill im Mai 2007 in Hartmannsdorf.

Technische Daten	125p 1300	125p 1500
Hersteller	- FSO-Werk Warschau, VR Polen -	
Erstes Baujahr	1968	1969
Höchstgeschwindigkeit	145 km/h	155 km/h
Motor	- Vierzylinder-Viertakt-Ottomotor längs über der Vorderachse -	
Hubraum	1.295 cm³	1.481 cm³
Leistung	44 kW (60 PS) bei 5.400 U/min	52 kW (70 PS) bei 5.400 U/min
ab 1975:	48 kW (65 PS) bei 5.200 U/min	55 kW (75 PS) bei 5.400 U/min
Max. Drehmoment	93 Nm bei 3.400 U/min	113 Nm bei 3.200 U/min
Abmessungen L/B/H	4.225/1.620/1.440 mm	4.225/1.630/1.440 mm
Leermasse	1.090 kg	1.120 kg
Zulässige Gesamtmasse	1.490 kg	1.520 kg
Bereifung	5.60 S 13, 165 SR 13	165 SR 13, 185/70 SR 13
Verbrauch	9,5 Liter/100 km	10 Liter/100 km
Preise (in DDR-Mark)	22.000	23.500

Auch in Polen gab es – wie bei den sowjetischen Lada – eine Lizenzfertigung von Fiat-Modellen. Da die bisher in der Fabryka Samochodów Osobowych (FSO) in Warschau gefertigten Modelle Syrena und Warszawa Mitte der 60er-Jahre veraltet waren, wurde am 22. Dezember 1965 ein Lizenzvertrag mit Fiat unterzeichnet, der die Lizenzproduktion des Fiat 125 mit der Technik des Fiat 1300 und 1500 in Polen ermöglichte. Die Produktion des Polski-Fiat 125p begann 1968 mit dem 1,3-Liter-Motor und ab 1968 folgte der 1,5-Liter-Motor. Die Fiat-Konstruktion wurde in zahlreichen Details abgeändert, äußerlich war dies im Bereich der Scheinwerfer und Blinker am augenfälligsten. Die Motoren benötigten Kraftstoff mit höherer Oktanzahl, der in der DDR nicht an allen Tankstellen erhältlich war. In der Beliebtheitsskala nahmen die Polski-Fiat zunächst den Rang vor den Shiguli/Lada-Modellen ein, bis zum Erscheinen des Lada 1500. Detailverbesserungen in den 70er-Jahren, wie Ablösung verchromter Teile durch schwarze pulverbeschichtete, konnten auch nicht über Qualitätsmängel wie Rostanfälligkeit hinwegtäuschen. Die Kombi-Version wurde in der DDR nicht angeboten.

Lada/Shiguli 1200 / 1500 / Kombi

Ein Fiat aus der Sowjetunion

Etwa ab 1966 liefen Verhandlungen der Sowjetunion mit dem italienischen Fiat-Konzern wegen eines Lizenzabkommens zur Autoproduktion. Dabei ging es um das „Auto des Jahres 1966“, den neuen Fiat 124, welcher auch in der Bundesrepublik Deutschland sehr gefragt war. Im Ergebnis der Verhandlungen entstand an der Wolga mithilfe von Fiat ein nagelneues Autowerk in der neu gegründeten Stadt Togliatti. Ab 1970 liefen die ersten Lizenz-Autos vom Band. Der Shiguli (Exportbezeichnung Lada) war von den sowjetischen Ingenieuren für die härteren Bedingungen des Landes modifiziert worden – zum Beispiel mit fünf statt drei Kurbelwellenlagern und oben liegender Nockenwelle. Mehr als 40 Prozent der Produktion (660.000 bis 740.000 Einheiten jährlich) gingen in den Export nach Westeuropa und Übersee. Ab 1972 gelangten die Lada auch in die DDR, wo sie sehr begehrt waren und schon bald den Status eines „Mercedes des Ostens“ einnahmen. Dieses Auto bot westliche Fahrzeugtechnologie und Luxusattribute wie einen chromglänzenden Grill, eine Wischwasch-Anlage oder zugfreie Zwangsentlüftung. Allerdings konnte sich die Verarbeitungsqualität des Lada mit seinen westlichen Vorbildern nicht messen – das Auto war zwar robust und durchaus langlebig, aber vor allem Rost an vielen Teilen des Fahrzeugs machte den Besitzern das Leben schwer. Das Beste am Lada war übrigens seine Heizung, die hatten die sowjetischen Ingenieure den harten Bedingungen des russischen Winters ganz hervorragend angepasst.

Dieses Automodell hätte jeder DDR-Bürger gern besessen! Der Lada war das begehrteste Import-Fahrzeug der DDR, hier ein WAZ 2102/Lada 1200. *Kleines Bild:* In diesem Lada hingegen mochte kein DDR-Bürger gern mitfahren: Die Volkspolizei der DDR hatte neben 1200er-Ladas auch zahlreiche WAZ 2106/Lada 1600 als Funkstreifenwagen und Ermittlungsfahrzeuge der Kriminalpolizei im Einsatz. Neben dem Streifenwagen steht ein Simson-Moped „Schwalbe“, wie es von den Abschnittsbevollmächtigten (ABV) der Polizei als Dienstfahrzeug benutzt wurde.

Technische Daten	Lada 1200 / Kombi	Lada 1500
Hersteller	– AwtoWAZ Automobilwerk Togliatti, UdSSR –	
Erstes Baujahr	1970 / Kombi 1972	1973
Höchstgeschwindigkeit	140 km/h / Kombi 135 km/h	150 km/h
Motor	– Vierzylinder-Viertakt-Ottomotor längs über der Vorderachse –	
Hubraum	1.198 cm³	1.452 cm³
Leistung	45 kW (60 PS) bei 5.600 U/min	55 kW (75 PS) bei 5.600 U/min
Max. Drehmoment	87 Nm bei 3.400 U/min	106 Nm bei 3.500 U/min
Abmessungen L/B/H	4.073/1.611/1.440 mm	4.115/1.611/1.440 mm
Kombi	4.059/1.611/1.400 mm	
Leermasse	970 kg / Kombi 1.010 kg	1.020 kg
Zulässige Gesamtmasse	1.355 kg / Kombi 1.400 kg	1.420 kg
Bereifung	6,15-13, 155 SR 13, 165 R 13	165 SR 13
Verbrauch	8,5 Liter/100 km, Kombi 8,8 Liter/100 km	10 Liter/100 km
Preise (in DDR-Mark)	19.922 / (Kombi) 20.922	23.500

Der Lada – zeitgemäß modernisiert

Lada 1300 S Nova / 1500 S / Kombi

Die Kombiversionen des Lada wurden in viel geringeren Stückzahlen importiert als die Limousinen. Hier ein wunderschöner Lada WAZ 2104 Kombi, fotografiert 1988 in Thüringen. *Kleines Bild:* Dieser Lada Nova 21053 1,5 mit 49 kW ist Baujahr 1994 und zeigt, dass sich am Fahrzeugdesign in den sechs Jahren die zwischen dem Foto oben und diesem Bild liegen nichts verändert hat. Allerdings verfügt der 21053 in der hier fotografierten Westausführung bereits über einen G-Kat.

Technische Daten	Lada 1300 S Nova	Lada 1500 S
Hersteller	– AwtoWAZ Automobilwerk Togliatti, UdSSR –	
Erstes Baujahr	1980 / Kombi 1984	1981
Höchstgeschwindigkeit	145 km/h / Kombi 137 km/h	150 km/h
Motor	– Vierzylinder-Viertakt-Ottomotor längs über der Vorderachse –	
Hubraum	1.294 cm³	1.452 cm³
Leistung	45 kW (60 PS) bei 5.600 U/min	55 kW (75 PS) bei 5.600 U/min
Max. Drehmoment	96 Nm bei 3.400 U/min	106 Nm bei 3.500 U/min
Abmessungen L/B/H	4.128/1.620/1.450 mm	4.136/1.620/1.446 mm
Kombi	4.115/1.620/1.4430 mm	
Leermasse	995 kg / Kombi 1.040 kg	1.030 kg
Zulässige Gesamtmasse	1.395 kg / Kombi 1.510 kg	1.460 kg
Bereifung	165 SR 13	165/80 R 13 82S
Verbrauch	8,8 Liter/100 km Kombi 8,8 Liter/100 km	10 Liter/100 km
Preise (in DDR-Mark)	23.650 / 24.650 (Kombi)	28.475

Die Produktion der in die Jahre gekommenen Lada-Modelle 1200, 1300, 1600 und 1300 S wurde bei AwtoWAZ in Togliatti 1980 von der Limousine WAZ 2105 und ab 1984 zusätzlich vom Kombi WAZ 2104 abgelöst. Diese Modelle wurden in der DDR und der BRD als Lada Nova und in Großbritannien als Lada Riva verkauft. Neben einer neuen moderneren Karosserie ist die Modernisierung des Fahrzeugs gekennzeichnet durch Verwendung eines Zahnriemens für den Antrieb der Nockenwelle. Es gab noch sehr viele Misch- und Untertypen des Lada, die aber nicht alle in die DDR gelangten. Die Lada Nova waren in der DDR ebenso begehrt und beliebt wie ihre Vorgängermodelle. Das Modell wird heute noch bei AwtoWAZ produziert, allerdings gibt es für diese Fahrzeuge in Westeuropa praktisch keine Absatzmöglichkeiten mehr. In Osteuropa dagegen, und vor allem in den Nachfolgestaaten der UdSSR, sind diese Modelle nach wie vor sehr verbreitet. Seit Mai 2008 wird der Lada 2104 sogar auf einer neu errichteten Produktionslinie in Argun, in Tschetschenien, produziert.

Lada Samara / Lada Niva

Der erste Lada mit Frontantrieb und der robuste Geländewagen

Die moderne Linienführung des WAZ 2108/ Lada Samara ließ das Auto seinerzeit für DDR-Bürger fast schon „westlich" aussehen – 1989 war kaum zu glauben, dass das ein Lada ist! Die typische Kühler-Blechkante der ersten Samara-Generation wich später einem normalen Kühlergrill. *Unten:* Der geländegängige WAZ 2121/Lada Niva war für Privatpersonen in der DDR nicht erhältlich. Heute kann jeder den seit 32 Jahren produzierten Lada Niva für etwa 10.000 Euro erwerben.

Technische Daten	Lada Samara
Hersteller	AwtoWAZ Automobilwerk Togliatti, UdSSR
Erstes Baujahr	1986
Höchstgeschwindigkeit	150 km/h
Motor	Vierzylinder-Viertakt-Ottomotor quer über der Vorderachse
Hubraum	1.288 cm³
Leistung	48 kW (65 PS) bei 5.500 U/min
Max. Drehmoment	98 Nm bei 3.500 U/min
Abmessungen L/B/H	4.006/1.620/ 1.400 mm
Leermasse	925 kg
Zulässige Gesamtmasse	1.370 kg
Bereifung	165 SR 13, 165/ 70 SR 13, 6.00-16, 175/70 SR 13
Verbrauch	7,8 Liter/100 km
Preise	13.090 DM

Der Lada Samara war der erste Modelltyp der Automobilwerke Togliatti mit Frontantrieb. Er entstand in Kooperation mit der Firma Porsche (Zusammenarbeit bei der Motor-Entwicklung) und kam mit drei Motorvarianten auf den Markt. Er entwickelte sich schnell zum Vorzeigemodell der Firma AwtoWAZ und wurde auch in der DDR heiß erwartet. Erst kurz vor der politischen Wende 1989 gelangten einige Lada Samara/WAZ 2108 in die DDR.

Technische Daten	Lada Niva
Hersteller	AwtoWAZ Automobilwerk Togliatti, UdSSR
Erstes Baujahr	1976
Höchstgeschwindigkeit	130 km/h
Motor	Vierzylinder-Viertakt-Ottomotor längs über der Vorderachse
Hubraum	1.568 cm³
Leistung	57 kW (78 PS) bei 5.200 U/min
Max. Drehmoment	123 Nm bei 3.500 U/min
Abmessungen L/B/H	3.720/1.680/1.650 mm
Leermasse	1.150 kg
Zulässige Gesamtmasse	1.550 kg
Bereifung	6.95-16, 175 SR 16
Verbrauch	12 Liter/100 km
Preise	37.090 DDR-Mark

Der Allrad-Geländewagen Niva – dessen Produktion bei AwtoWAZ seit 1976 fast unverändert läuft – wurde ab Ende der 70er-Jahre in geringen Stückzahlen in die DDR importiert. Er galt als Nutzfahrzeug und wurde überwiegend in der Forstwirtschaft eingesetzt, wo er auch heute noch in der Jäger-Szene sehr beliebt ist.

Damals ein Geheimtipp in Sachen Verarbeitungsqualität

Zastava 100 / 1100

Der Zastava war ein beliebtes, aber wegen der geringen Importzahlen eher selteneres Auto auf den DDR-Straßen. Dieser Zastava 1100 ist eines der wenigen heute noch museal erhaltenen Fahrzeuge der jugoslawischen Automarke in Deutschland.

Auch die jugoslawische Autoindustrie beschaffte sich ihre Lizenzen beim italienischen Fiat-Konzern. Der seit den 70er-Jahren überraschend von der DDR importierte Typ 1100 ist eine Modifikation des Fiat 128. Sein konkav geknicktes Fließheck besaß eine große Ladeklappe. Der Zastava Skala – wie das Modell in Jugoslawien bzw. Serbien hieß – hatte eine spartanischere Grundausstattung als der Fiat 128 und reichte nicht an den Standard der Original-Fiat-Verarbeitungsqualität heran. Deshalb ließ Fiat auch seine ursprünglichen Pläne fallen, die gesamte Produktion des Fiat 128 bei Zastava in Jugoslawien fertigen zu lassen. Erstaunlicherweise war genau diese von Fiat als unzureichend angesehene Fertigungsqualität bei den in die DDR importierten Modellen deutlich besser als bei den vergleichbaren polnischen und sowjetischen Fiat-Lizenzen. Daher war der Zastava ein beliebtes, aber wegen der geringen Importzahlen eher selteneres Auto auf den DDR-Straßen. Bei einer „Firma“ in der DDR stand der Zastava als Dienstwagen übrigens sehr hoch im Kurs: beim Ministerium für Staatssicherheit (MfS). Bis 1981 wurde der Zastava 1100 nahezu unverändert gebaut, die Schrägheck-Variante wurde bis 1990 produziert. Noch heute wird die Stufenheck-Variante Zastava 128 im Zastava-Werk in Kragujevac gefertigt. Ein neuer Zastava 128 ist in Serbien heute für 270.000 Dinar – umgerechnet etwa 3.200 Euro – zu haben.

Technische Daten	Zastava 100 / 1100
Hersteller	Autowerk Crvena Zastava Kragujevac, VR Jugoslawien
Erstes Baujahr	1971
Höchstgeschwindigkeit	135 km/h
Motor	Vierzylinder-Viertakt-Ottomotor quer vor der Vorderachse
Hubraum	1.116 cm³
Leistung	41 kW (55 PS) bei 6.000 U/min
Max. Drehmoment	78 Nm bei 3.000 U/min
Abmessungen L/B/H	3.836/1.590/ 1.370 mm
Leermasse	835 kg
Zulässige Gesamtmasse	1.235 kg
Bereifung	145 SR 13
Verbrauch	8 Liter/100 km
Preise (in DDR-Mark)	20.300 bis 22.000

Dacia 1300 / 1310

Die Renault R 12-Lizenz aus Rumänien

Der serienmäßig mit viel Chromzierrat versehene Dacia 1300 war ein bequemer Reisewagen, der allerdings sehr rostanfällig war. *Unten:* Ab 1979 präsentierte sich der Nachfolger, das Modell 1310, mit Doppelscheinwerfern, schwarzer Kunststoff-Scheinwerferverkleidung, schwarzem Grillgitter und schwarzen Stoßstangen mit Gummienden. Das Foto zeigt einen wunderschönen in Sachsen museal erhaltenen Dacia 1310 TX.

Technische Daten	Dacia 1300 / 1310
Hersteller	Automobilwerk Pite ti, SR Rumänien
Erstes Baujahr	1969 (Modell 1300), 1979 (Modell 1310)
Höchst-geschwindigkeit	139 km/h (Modell 1300), 129 km/h (Modell 1310)
Motor	Vierzylinder-Viertakt-Ottomotor quer vor der Vorderachse
Hubraum	1.289 cm³
Leistung	39,7 kW (54 PS) bei 5.250 U/min
Max. Drehmoment	90 Nm bei 3.000 U/min
Abmessungen L/B/H	4.348/1.636/ 1.435 mm
Leermasse	960 kg
Zulässige Gesamtmasse	1.360 kg
Bereifung	155 SR 13
Verbrauch	8,4 Liter/100 km
Preise (in DDR-Mark)	23.450 (1973), 24.950 (1983)

Ab 1973 wurden die im sozialistischen Bruderland Rumänien nach dem Vorbild des französischen Renault R 12 gefertigten Lizenzmodelle in die DDR importiert. Mit 4.348 mm Gesamtlänge war der Dacia das längste Modell aller vergleichbaren Typen in der DDR. Dieser Umstand sowie das schräg abfallende, nicht sichtbare Heck machten das Einparken nicht leicht. Positiv wurde die geringe Neigung zum Durchdrehen der (getriebenen) Vorderräder bewertet, negativ das schlechte Kurvenverhalten und die Neigung zu Eisbildung im Vergaser bei Frost. Gegenüber dem Modell 1300 wurde das Modell 1310 nur leicht verbessert. Es wurden zum Beispiel die Rechteckscheinwerfer durch Doppel-Rundscheinwerfer ersetzt, neben weiteren Detailänderungen an Front- und Heckleuchten. Mit 129 km/h Höchstgeschwindigkeit war das Modell 1310 um 10 km/h langsamer als das Vorgängermodell, wobei der Motor nur bis etwa 110 km/h sauber lief. Trotz aller Tücken – oft auch durch Montagefehler verursacht – hatte das zur gehobenen Klasse gehörende Fahrzeug seine Liebhaber. Der Motor sprang auch bei Kältegraden sofort an. Die Gesamtkonzeption, das Fahr- und Federungsverhalten, entspanntes Sitzen und auch reichlich Platz im Fond, ein großer Kofferraum und ein fast 50 Liter fassender Tank gaben dem Dacia das Gesamtprädikat eines bequemen Reisewagens, mit dem auch lange Strecken nicht zur Strapaze wurden. Der Dacia 1300 / 1310 wurde von 1969 bis 2004 in 1.959.730 Exemplaren hergestellt und galt als der „Volkswagen" Rumäniens. Auf Basis des Dacia 1310 baute die Firma Neumann in Spremberg 1987 einen Bestattungswagen als Prototyp, der die Volvo-Bestattungswagen ersetzen sollte, mit welchen im Ausland verstorbene DDR-Bürger rücküberführt wurden. Die politische Wende beendete allerdings die Testphase des Fahrzeugs.

Der „Mossi“ – ein robustes Alltagsauto

Moskwitsch 412

Dieser Moskwitsch 412 stand 1991 in Nienburg/Saale noch im täglichen Einsatz. Die „Mossis“ – vor allem die älteren Moskwitsch-Modelle wie dieses hier – hatten in der DDR wegen ihrer Rostanfälligkeit unter anderem den Spitznamen „Rostquietsch“ verpasst bekommen.

Im Zuge von Reparationsleistungen brachte die UdSSR die gesamten Fertigungsanlagen des damaligen Opel Kadett von Rüsselsheim nach Moskau, wo die Firma Moskowskij Sawod Malolitraschnich Awtomobilej, Moskauer Fabrik für kleinmotorige Automobile (MZMA), beauftragt wurde, auf Basis des Opel Kadett ein Fahrzeug für den russischen und internationalen Markt zu bauen. 1947 erschien der Moskwitsch 400, später folgten die Modelle 401 und 402, der Import in die DDR begann 1963 mit den Modellen 403 und 407. Der 412er – des inzwischen in Automobilfabrik Leninscher Komsomol (AZLK) umbenannten Autobauers – ist ein technischer Quantensprung in der seit 1946 bestehenden Moskwitsch-Reihe, ausgerüstet mit einem 1,5-Liter-ohc-Leichtmetallmotor, einem zeitgemäßen Design und Viergang-Getriebe mit Knüppelschaltung. In der DDR war der Moskwitsch seit Anfang der 70er-Jahre vielfach als Firmenwagen und Taxi im Einsatz, aber auch für Privatpersonen erhältlich. Der „Mossi“, wie er im Volksmund hieß, war als robustes, aber rostanfälliges Fahrzeug bekannt. Im Vergleich zum begehrten, nobleren Lada wirkte der mit einem 1,5-Liter-Motor gut motorisierte Moskwitsch stets grobschlächtiger und weniger elegant. Deshalb war er als Privatfahrzeug weit weniger verbreitet als der Lada. Der Name Moskwitsch bedeutet übrigens soviel wie „Der Moskauer“.

Technische Daten	Moskwitsch 412
Hersteller	Automobilfabrik Leninscher Komsomol (AZLK) Moskau, UdSSR
Erstes Baujahr	1969
Höchstgeschwindigkeit	140 km/h
Motor	Vierzylinder-Viertakt-Ottomotor längs vorn
Hubraum	1.478 cm³
Leistung	55 kW (75 PS) bei 5.800 U/min
Max. Drehmoment	103 Nm bei 3.400 U/min
Abmessungen L/B/H	4.196/1.550/ 1.480 mm
Leermasse	960 kg
Zulässige Gesamtmasse	1.360 kg
Bereifung	6.00-13, 6.45-13, 165 SR 13
Verbrauch	8,8 Liter/100 km
Preise (in DDR-Mark)	18.500

Moskwitsch 2138 / 2136 Kombi / 2140 / 2137 Kombi

Die *Nachfolger* des Moskwitsch 412

Bei den Nachfolgemodellen des Modells 412 wurde äußerlich nur im Bereich der Front- und Heckhaube eine neue Profilierung der Karosserie vorgenommen – Seitentüren, Dach sowie Front- und Heckscheiben stammen vom Vorgängermodell. Der Innenraum wurde stark überarbeitet, u.a. mit neuer Instrumententafel, neuer Lenkung und neu gestaltetem Handschuhfach. Ein neues Zweikreis-Bremssystem (Scheibenbremse vorn, Trommelbremse hinten) und bessere Geräuschdämpfung sind weitere Ausstattungsmerkmale. Das inzwischen sehr breite Angebot an Lada-Fahrzeugen hatte zur Folge, dass sich Privatkäufer kaum noch für den technisch veralteten Moskwitsch entschieden. So gelangten gegen Ende der 80er-Jahre nur noch wenige Fahrzeuge in die DDR. Der Moskwitsch 2138 / 2140 war übrigens bei den Fahrschulen der DDR ein sehr weit verbreitetes Fahrzeug. Auch der Autor dieses Buches hat 1986 seine Fahrerlaubnis (in der DDR wurde der Begriff Führerschein umgangssprachlich nicht verwendet) in einem Moskwitsch 2140 erworben.

Neue Konturen mit begradigter Linienführung kennzeichnen äußerlich den Moskwitsch 1500/ Modell 2140. Die angedeuteten Heckflossen des Vorgängermodells sind entfallen. *Kleines Bild:* Die Kombi-Version des Moskwitsch, hier ein Modell 2137 in Bernburg, war ein robustes Arbeitstier und als Dienstfahrzeug in der DDR weit verbreitet.

Technische Daten	Moskwitsch 2138 / 2136 Kombi	Moskwitsch 2140 / 2137 Kombi
Hersteller	– Automobilfabrik Leninscher Komsomol (AZLK) Moskau, UdSSR –	
Erstes Baujahr	1975	1975
Höchstgeschwindigkeit	120 km/h	140 km/h
Motor	– Vierzylinder-Viertakt-Ottomotor längs vor der Vorderachse –	
Hubraum	1.358 cm³	1.478 cm³
Leistung	37 kW (50 PS) bei 4.750 U/min	55 kW (75 PS) bei 5.800 U/min
Max. Drehmoment	91 Nm bei 2.750 U/min	112 Nm bei 3.400 U/min
Abmessungen L/B/H	4.250/1.550/1.480 mm	4.250/1.550/1.480 mm
Kombi	4.250/1.550/1.525 mm	4.250/1.550/1.525 mm
Leermasse	1.040 kg, Kombi 1.100 kg	1.080 kg, Kombi 1.120 kg
Zulässige Gesamtmasse	1.420 kg, Kombi 1.500 kg	1.480 kg, Kombi 1.500 kg
Bereifung	5.90-13, 6.00-13 Kombi 6.40-13	6.45-13, 6.95-13, Kombi 165 SR 13, 175 SR 13
Verbrauch	9,5 Liter/100 km	8,8 Liter/100 km
Preise (in DDR-Mark)	18.622	19.500, Kombi 18.622

Der Nachfolger des Pobjeda

GAZ-21 Wolga

Während der 21er-Wolga in der DDR lange Jahre überwiegend als Behörden- oder Polizeifahrzeug (Funkstreifenwagen oder Kommandeursfahrzeug) im Einsatz war, gab es nach deren Ausscheiden aus dem Staatsdienst auch privat zugelassene Fahrzeuge. *Unten:* Mitte der 90er-Jahre stand dieser GAZ-21 bei einem Autohändler in Klaffenbach (bei Chemnitz) zum Verkauf.

Wie bei seinem Vorgänger M-20 Pobjeda war das Design des GAZ-21 Wolga an amerikanischen Vorbildern angelehnt: 1,4 Tonnen Gewicht, barocke Formen, 3-Gang-Lenkrad-Schaltung, vordere Sitzbank durchgehend und viel Chrom waren charakteristisch für den GAZ-21. Im Laufe der Fertigung gab es kleine optische Änderungen. Dieser Fünfsitzer der gehobenen Klasse mit robuster Technik war auch noch 20 Jahre nach Auslieferung der ersten Exemplare sehr beliebt. In der DDR und den anderen sozialistischen Staaten war der GAZ-21 Wolga überwiegend als Polizei-, Behördenfahrzeug und Taxi im Einsatz. Als Privatfahrzeug war er eher selten und erst in den letzten Jahren der DDR anzutreffen.

Technische Daten	GAZ-21 Wolga
Hersteller	Automobilfabrik Gorki (GAZ), UdSSR
Erstes Baujahr	1959
Höchstgeschwindigkeit	135 km/h
Motor	Vierzylinder-Viertakt-Ottomotor längs vorn
Hubraum	2.445 cm³
Leistung	52 kW (70 PS) bei 4.750 U/min
Max. Drehmoment	137 Nm bei 2.000 U/min
Abmessungen L/B/H	4.835/1.800/1.620 mm
Leermasse	1.400 kg
Zulässige Gesamtmasse	1.850 kg
Bereifung	6.70-15
Verbrauch	9 Liter/100 km
Preise (in DDR-Mark)	11.700

GAZ-24 Wolga

Das als Taxi und Dienstfahrzeug *zahlreich* eingesetzte Modell

Im Jahr 1969 wurde der GAZ-21 durch das neue Modell GAZ-24 ersetzt. Der GAZ-24 war im Gegensatz zu seinem hochbeinigen barocken Vorgänger ein besonders lang gebautes Modell, welches den amerikanischen Fahrzeugen seiner Zeit ähnelt. Der Import des GAZ-24 in die DDR begann Anfang der 70er-Jahre. Anders als sein Vorgänger hatte er vorn wieder Einzelsitze statt der durchgehenden Sitzbank. Dieser Wagen war in der DDR zunächst hauptsächlich als Polizei-, Behörden- oder sonstiges Dienstfahrzeug sowie als Taxi tausendfach im Einsatz. Aber auch an Privatpersonen wurde er verkauft. Ab Mitte der 80er-Jahre wurden viele GAZ-24 auf Gasantrieb umgebaut. Eine Kombiversion gab es ab 1972. Deren Importzahlen waren im Vergleich zur Limousine aber geringer, und dementsprechend selten war sie auch in der DDR anzutreffen.

Technische Daten	GAZ-24 Wolga
Hersteller	Automobilfabrik Gorki (GAZ), UdSSR
Erstes Baujahr	1971
Höchstgeschwindigkeit	150 km/h
Motor	Vierzylinder-Viertakt-Ottomotor längs vorn
Hubraum	2.445 cm³
Leistung	74 kW (100 PS) bei 4.500 U/min
Max. Drehmoment	172 Nm bei 2.200 U/min
Abmessungen L/B/H	4.760/1.800/ 1.490 mm
Leermasse	1.400 kg
Zulässige Gesamtmasse	1.830 kg
Bereifung	6.70-15
Verbrauch	9 Liter/100 km
Preise (in DDR-Mark)	28.000

Ein im Juni 1995 an der bulgarischen Schwarzmeerküste fotografierter GAZ-24 Wolga. Tausende dieser Autos waren in der DDR in grauer Farbgebung als Taxi im Einsatz. *Unten:* Die Kombiversion des 24er-Wolga, GAZ-2402, wurde in deutlich geringeren Stückzahlen als die Limousine importiert und war in der DDR dementsprechend selten zu sehen.

Der elegante „Funktionärs-Schlitten“ der Oberklasse

Tatra T 603

Die großen schweren Tatra T 603-Limousinen waren im DDR-Alltag immer ein „Hingucker“. *Kleines Bild:* Ein Blick auf das charakteristische Heck des Tatra T 603 mit den großen seitlichen Lufteinlässen und der zweigeteilten, gewölbten Heckscheibe; Chemnitz 1996.

Das repräsentative Achtzylinder-Oberklasse-Auto Tatra T 603 aus den traditionsreichen Tatra-Werken in der ČSSR war ausschließlich für Funktionäre in Politik und Wirtschaft bestimmt. Von 22.422 in handwerklicher Weise produzierten Einheiten kaufte die DDR etwa 3.000 Stück. Einzelne Versionen unterschieden sich hauptsächlich in Anzahl und Anordnung der Frontscheinwerfer: erst drei, dann vier und weiter nach außen gerückt. Ab 1968 kam im Modell Tatra T 603-2 ein stärkerer Motor mit 74 kW (105 PS) zum Einbau, und die vordere Sitzbank wurde durch Einzelsessel ersetzt: Die Verarbeitungsqualität des Tatra T 603 / 603-2 lag weit über der vergleichbarer Ostblock-Pkw-Modelle. Das Auto war ein angenehmer und schneller Reisewagen, der sich trotz fehlender Servolenkung leicht steuern ließ und einen sehr angenehmen Federungskomfort hatte. Da der Tatra T 603 – wie auch sein Nachfolger – nicht an Privatpersonen verkauft wurde, fanden lediglich einige wenige aus dem Staatsdienst ausgemusterte Exemplare in der DDR den Weg zu privaten Besitzern.

Technische Daten	Tatra T 603
Hersteller	Automobilwerk Tatra Kopřivnice, ČSSR
Erstes Baujahr	1956
Höchstgeschwindigkeit	150 km/h
Motor	Achtzylinder-Viertakt-Ottomotor längs hinter der Hinterachse
Hubraum	2.545 cm³
Leistung	70 kW (90 PS) bei 4.800 U/min
Max. Drehmoment	155 Nm bei 3.000 U/min
Abmessungen L/B/H	5.065/1.910/ 1.530 mm
Leermasse	1.420 kg
Zulässige Gesamtmasse	1.960 kg
Bereifung	6.50-15, 6.70-15
Verbrauch	13 Liter/100 km
Preise (in DDR-Mark)	ab 33.000

Der kantigere Nachfolger des Tatra T 603

Der 1974 vorgestellte Nachfolger des Tatra T 603 war der vom italienischen Automobildesign- und Karosseriebau-Unternehmen Vignale gestaltete Tatra T 613. Er war viel moderner und deutlich stärker motorisiert als sein Vorgänger – der Nutzerkreis des Fahrzeugs umfasste die gleichen Nomenklaturkader wie beim Tatra T 603. Außer durch die kantige Form unterschied er sich vom Vorgänger durch eine größere Fensterfläche und den größeren Motor, der im Heck etwas nach vorn rückte. Von 5.200 gefertigten Fahrzeugen fanden etwa 300 den Weg in die DDR.

Oben: Die Modelle Tatra T 603 (Baujahr 1963) und T 613 (Baujahr 1977) im Juni 2005 in Reichstädt (Sachsen) im Vergleich. *Unten:* Auch beim Tatra T 613 sei uns – vergleichend zum eher barocken Vorgänger T 603 – ein Blick auf das Heck gestattet. Darunter befindet sich der luftgekühlte V8-Motor.

Technische Daten	Tatra T 613
Hersteller	Automobilwerk Tatra Kopřivnice, ČSSR
Erstes Baujahr	1974
Höchstgeschwindigkeit	195 km/h
Motor	Achtzylinder-Viertakt-Ottomotor längs hinter der Hinterachse
Hubraum	3.495 cm³
Leistung	127 kW (173 PS) bei 5.200 U/min
Max. Drehmoment	265 Nm bei 2.500–3.000 U/min
Abmessungen L/B/H	5.025/1.810/ 1.450 mm
Leermasse	1.600–1.690 kg
Zulässige Gesamtmasse	2.140–2.160 kg
Bereifung	215/70 HR 14, 205/70 HR 14
Verbrauch	13–18 Liter/100 km
Preise (in DDR-Mark)	ab 50.000

Repräsentations-Limousine und erstes Ostblock-Auto mit Automatikgetriebe

GAZ-13 Tschaika

So nah kam man als „Zivilist“ in der DDR nie an die chromblitzenden Tschaika-Staatskarossen heran. Dieses wunderschöne museal erhaltene Exemplar wurde Mitte der 90er-Jahre auf dem Magdeburger Domplatz beim 4. Tschaika-Treffen ausgestellt.

Diese chromblitzenden Oberklasse-Autos namens Tschaika („Möwe“) kamen in der DDR ausschließlich für führende politische, auch staatssichernde Kader in Berlin und den Bezirkshauptstädten zum Einsatz. Der 1959 vorgestellte GAZ-13 orientierte sich in Technik und Design stark am amerikanischen Packard Patrician, Modell 1955. Der bullige V8-Motor, der bei der Firma ZIZ/ZIL-Werk, dem Stalinwerk in Moskau, entwickelt wurde, verfügte als erster Ostblockwagen über ein Zwei-Stufen-Automatikgetriebe. 3.179 Exemplare wurden vom GAZ-13 insgesamt gebaut, davon gingen einige hundert in die DDR. Der gewöhnliche DDR-Bürger bekam diese Limousinen nur bei Staatsbesuchen und Paraden zu Gesicht, oder wenn hohe Funktionäre durchs Land reisten. Der Tschaika galt bei den DDR-Bürgern – weil ihn fast nie jemand aus der Nähe zu sehen bekam – als unerreichbares Luxus-Fahrzeug. Umso größer war die Überraschung nach der politischen Wende (als Oldtimerfreunde diese Fahrzeuge ausstellten), dass es sich beim sagenumwobenen Tschaika um ein ziemlich altertümliches Auto auf dem Niveau der 50er-Jahre handelte und sich der gerühmte Luxus der Ausstattung doch in sehr engen Grenzen hielt.

Technische Daten	GAZ-13 Tschaika
Hersteller	Automobilfabrik Gorki (GAZ), UdSSR
Erstes Baujahr	1959
Höchstgeschwindigkeit	160 km/h
Motor	Achtzylinder-Viertakt-Ottomotor längs über der Vorderachse
Hubraum	4.890 cm³, später 5.500 cm³
Leistung	52 kW (70 PS) bei 4.750 U/min
Max. Drehmoment	132 kW (180 PS) bei 4.400 U/min, später 144 kW (195 PS)
Abmessungen L/B/H	5.600/2.000/1.560 mm
Leermasse	2.100 kg
Zulässige Gesamtmasse	2.600 kg
Bereifung	215/70 HR 14, 205/70 HR 14
Verbrauch	18 Liter/100 km
Preise (in DDR-Mark)	keine Angaben

Nutzfahrzeuge

Die größte Modell- und Variantenvielfalt bei den Kraftfahrzeugen in der DDR konnte der Bereich der Lastwagen für sich in Anspruch nehmen. Bis 1989 waren sowohl einzelne Uralt-Lkw (Phänomen Granit, Horch H3 A, IFA H6, IFA G5) als auch alle anderen jemals in der DDR gefertigten Modelle auf den Straßen anzutreffen. Wer je einen Lkw sein Eigen nannte – sei es das Kombinat, der VEB, die PGH oder der private Handwerker – sah zu, dass er ihn am Laufen hielt. Lastwagen waren Mangelware, kleinere Betriebe mussten selbst auf Gebrauchtfahrzeuge jahrelang warten, über deren Verteilung der VEB Maschinenbauhandel des jeweiligen Bezirks die Hoheit hatte. Einen Privatmarkt für Lastkraftwagen gab es in der DDR faktisch nicht, der Staat selbst wollte sich die Verteilung der knappen Ressourcen nicht aus der Hand nehmen lassen. Gleichzeitig wurde diese staatliche Lenkung u.a. auch dafür genutzt, die nur widerwillig geduldeten Privatbetriebe „an der kurzen Leine zu halten“. Wenn der kleine private Fleischerbetrieb, die Akzidenzdruckerei oder der Schlosserbetrieb nicht so spurten, wie sich das die allmächtigen Genossen in den Kreisleitungen vorstellten, dann mussten sie eben etwas länger auf ihr dringend benötigtes Fahrzeug warten. „Wir können auch anders!“, war ein gern verwendeter Spruch dieser Zeit.

Der wohl weltweit bekannteste DDR-Lastwagen ist der W50. Ein Lkw, den es seinerzeit eigentlich gar nicht geben sollte. Im VEB Kraftfahrzeugwerk „Ernst Grube“ in Werdau wurde Ende der 50er-Jahre an einem Nachfolgemodell des S4000-1 gearbeitet. Die ersten Arbeiten daran waren bereits beim VEB Sachsenring Zwickau als Modell S4500 begonnen worden, in Werdau wurde daraus schließlich das Projekt W45 (Werdau, 4,5 Tonnen). Das alles lief mehr oder weniger im Verborgenen ab, da zwar eine Genehmigung der

Hauptverwaltung Automobilbau für die Weiterentwicklung existierte, die Staatliche Plankommission aber ihre Zustimmung verweigerte. Als Dritter im Bunde sorgte die NVA als wichtigster Lkw-Abnehmer mit ständig wechselnden Forderungen für Unsicherheit in Bezug darauf, welcher technische Weg denn nun für den neuen Lkw eingeschlagen werden sollte. Ungeachtet dieser Widrigkeiten entwickelten die Werdauer ihren Viereinhalbtonner weiter, das Projekt lag quasi in der Schublade.

Und sie hatten das nötige Quäntchen Glück auf ihrer Seite: Auf dem 7. Deutschen Bauernkongress (9. bis 11. März 1962 in Magdeburg) forderte der Staatsratsvorsitzende Walter Ulbricht ganz überraschend einen neuen Fünf-Tonnen-Lkw für die Landwirtschaft, um die Versorgung der Bevölkerung zu sichern. Der Werdauer Werkleiter nutzte die Gunst der Stunde, um sein in der Schublade liegendes, quasi illegales Projekt des Frontlenkers W45 vorzustellen. Er nutzte dabei geschickt die DDR-Propagandamaschinerie, indem er den Brief, den er an Ulbricht in dieser Sache geschrieben hatte, gleichzeitig in der Presse veröffentlichen ließ. Nun gab es für die öffentlich unter Druck geratene Regierung kein Zurück mehr! Die Entscheidung für eine Serienproduktion des W45 fiel. Der erste Prototyp des W45 konnte im Juli 1962 vorgestellt werden. Eine zunächst parallel geplante Hauben-Variante ließ man fallen und die Nutzmasse wurde 1963 auf 5 Tonnen erhöht; das neue Fahrzeug hieß nun W50.

Damit begann das Unglück der Väter des W50. Deren Werk im sächsischen Werdau war für die geplanten Stückzahlen des neuen Lkw nämlich viel zu klein. Bereits am 21. Dezember 1962 legte ein Ministerratsbeschluss fest, dass die Serienfertigung des W50 im Industriewerk Ludwigsfelde, südlich von Berlin, erfolgen sollte. Am 1. April 1963 begann die Projektierung eines völlig neuen, modernen Werks. Die Produktion lief am 1. Juli 1965 an, zwei Wochen später verließ der erste in Ludwigsfelde produzierte W50 das Band. Der W50 wurde in 50 Grundvarianten mit 240 Modifikationen in über 40 Länder der Erde exportiert. Bis 1990 wurden insgesamt über eine halbe Million W50 gefertigt.

Und das VEB Kraftfahrzeugwerk „Ernst Grube" in Werdau? Nachdem die Fertigung des S4000-1 im Jahr 1959 ausgelaufen war, wurden dort nur noch Lkw-Anhänger, Sattelauflieger und Lkw-Aufbauten gefertigt. 1984 musste das Werk einen Teil der Anhängerfertigung auslagern, um Kapazitäten für die Fertigung von Trabant-Ersatzkarossen zu schaffen. Aber eins hatte all die Jahre doch immer noch an die in Werdau ansässigen Väter des bekanntesten Lkw der DDR erinnert: Das „W" im W50 – Werdau, fünf Tonnen.

„Ich bin ein Werdauer!", mag der W50 in Anlehnung an das berühmte Kennedy-Zitat sagen. Die Wurzeln des wohl bekanntesten DDR-Lastkraftwagens liegen nämlich im sächsischen Werdau – und nicht in Ludwigsfelde, wo der Lkw gefertigt wurde. Das markante Logo des VEB Kraftfahrzeugwerks „Ernst Grube", Werdau (*Foto oben*) musste aber schon beim Vorgänger des W50, dem S4000-1, zeitig dem bekannten IFA-Markenzeichen weichen. Die abgebildeten beiden W50 LA-NB mit Niederdruckreifen sind mit dem Streuaufbau D 035-B aus dem VEB Landmaschinenbau Güstrow ausgerüstet, der überwiegend zur Ausbringung von Stickstoff-Düngemitteln verwendet wurde.

Lückenfüller zwischen Handwagen und LKW

Im Jahr 1956 wurde die Produktion der Dieselameise vom Industriewerk Ludwigsfelde in das Fahrzeugwerk Waltershausen verlagert. Die „Dieselkarre" DK3 wurde bis 1957 mehr als 1.500 Mal in Waltershausen gefertigt. Nach Einführung des nach vorn geschlossenen Führerstandes entstand der DK4, der ab 1960 als Multicar M 21 Dieselameise bezeichnet wurde. Eine neue Generation des Multicars wurde in Leipzig zur Frühjahrsmesse 1964 vorgestellt: das Multicar M 22 mit geschlossenem einsitzigen Fahrerhaus und Lenkrad statt der bisherigen Trittbrettlenkung und mit einem 13 PS starken luftgekühlten Zweizylinder-Dieselmotor. Somit hatte sich die Dieselameise zum Klein-LKW gemausert. Ab 1970 lieferte der VEB Motorenwerk Cunewalde 15-PS-Motoren. Der Vielfalt von Spezialaufbauten waren kaum Grenzen gesetzt. Beim Folgemodell auf der nächsten Doppelseite werden diese näher erläutert.

Oben: Das Multicar M 21 Typ M, Muldenkipper, wurde von 1958 bis 1964 gebaut. Dieses gut erhaltene Exemplar war im April 1996 in Welzow noch im Einsatz.
Unten: In einer Köhlerei bei Sosa stand dieses Multicar M 21 Typ P auch im Jahr 2005 noch in Lohn und Brot.

Multicar M 21 Dieselameise/ Multicar M 22

Technische Daten	Multicar M 21 Dieselameise	Multicar M 22
Hersteller	– VEB Fahrzeugwerk Waltershausen –	
Erstes Baujahr	1958	1964
Höchstgeschwindigkeit	15 km/h	23 km/h
Motor	Einzylinder-Viertakt-Dieselmotor	Zweizylinder-Viertakt-Dieselmotor (Reihe)
Hubraum	654 cm³	800 cm³
Leistung	4,8 kW (6,5 PS) bei 1.500 U/min	9,6 kW (13 PS) bei 3.000 U/min, ab 1970: 11 kW (15 PS) bei 3.000 U/min
Max. Drehmoment	–	39 Nm bei 2.300 U/min
Abmessungen L/B/H	3.220/1.240/1.460 mm	3.500/1.505/1.930 mm
Leermasse	930 kg	1.320 kg
Zulässige Gesamtmasse	3.040 kg	3.220 kg
Nutzmasse	2.000 kg	1.900 kg
Bereifung	23-5	23x5 extra (8PR)

Oben: Selbst das kleine Multicar M 22 gab es in einer Variante als Drehleiterfahrzeug, aufgenommen im Jahr 2006 in Frießnitz (Thüringen). *Unten:* Beim Gemeindeverband Kobertal mit Sitz in Langenreinsdorf war im Bereich VTE Straßenwesen 2005 noch dieses Multicar M 22 zu finden.

Multicar M 24 / 25

Ein ganz großer Klein-LKW

Im Jahr 1974 hatte sich das Multicar zum vollwertigen Klein-LKW mit wassergekühltem Vierzylinder-Dieselmotor, kippbarem einsitzigen Fahrerhaus, neuem Fahrgestell und zwillingsbereifter Hinterachse gemausert. Bis 1978 wurden mehr als 25.000 Multicar M 24 gefertigt ➛

Oben: Die Kabine des M 24 bot immer noch etwas beengte Platzverhältnisse. Dafür hatte der Fahrer eine gute Sicht zur Seite oder auch nach hinten. M 24 Kipper, 1994 in Neubrandenburg. *Kleines Bild:* Multicar M 25 „Kofferfahrzeug kurz" der Deutschen Post mit Anbauvorrichtung für ein Vorbaugerät an der Stoßstange; aufgenommen 1991 in Baalberge.

Technische Daten	Multicar M 24	Multicar M 25 / 25.1 (ab 1984)
Hersteller	– VEB Fahrzeugwerk Waltershausen –	
Erstes Baujahr	1974	1978
Höchstgeschwindigkeit	52 / 60 km/h	
Motor	– Vierzylinder-Viertakt-Dieselmotor –	
Hubraum	1.996 cm³	1.996 cm³ / 2.238 cm³
Leistung	33 kW (45 PS) bei 3.200 U/min	33 kW (45 PS) bei 3.200 U/min 34 kW (46 PS) bei 2.800 U/min
Max. Drehmoment	108 Nm bei 2.250 U/min	108 Nm bei 2.250 U/min
Abmessungen L/B/H	3.935/1.960/2.140 mm	3.440 (4.245)/1.920/2.140 mm/ 3.710 (4.245)/1.920/2.140 mm
Leermasse	1.320 kg	1.450 (1.640) kg/ 1.500 (1.690) kg
Zulässige Gesamtmasse	3.800 kg	3.950 (3.500) kg/ 3.950 (3.500) kg
Nutzmasse	2.480 kg	2.500 (2.100) kg/ 2.310 (1.810) kg
Bereifung	23x extra (8 PR)	6.70-13

Multicar M 24 / 25

(50 % davon für den Export) und bis 1990 sogar 98.489 Multicar M 25 mit 70 % Exportanteil. Vom Multicar M 25, das mit Zweisitzer-Kabine ausgerüstet wurde, gab es auch eine Allradantriebs-Variante und eine mit verlängertem Radstand; insgesamt acht Grundausführungen, die mit 16 Aufbau- und drei Vorbaumöglichkeiten kombiniert werden konnten. Ständig wurde an der Anpassung für möglichst viele Einsatzmöglichkeiten gearbeitet. Durch gekonntes Ausfüllen einer Marktnische hat der Klein-Lkw Multicar als einzige ehemalige DDR-Fahrzeugmarke bis heute überlebt.

Hier die Variantenvielfalt: Fahrgestell ohne Aufbau mit Radstand 1.970 Millimeter – oder mit Radstand 2.675 Millimeter (je mit Einachs- oder Allradantrieb); Pritschenfahrzeug; Pritschenfahrzeug mit Ladehilfe; Pritschenfahrzeug lang; Dreiseitenkipper; Hinterkipper; Muldenkipper; Kofferfahrzeug (kurz/lang); Isolierkofferfahrzeug (kurz/lang); hydraulisches Streugerät mit Vorbauschneepflug; Dreiseitenkipper mit hydraulischem Streugerät und Vorbaukehrwalze; Wassertank mit Vorbaukehrwalze; Sammelbehälterfahrzeug; Absetzkipper; Drehleiterfahrzeug; Montagemastfahrzeug.

Multicar M 24-0 mit zweisitzigem Führerhaus und einem Kranaufbau für den Einsatz bei Baubrigaden oder im Bereich der Melioration. 1994 stand dieses Fahrzeug bei einem Multicar-Händler im sächsischen Dohna zum Verkauf. *Kleines Bild:* Multicar M 25 Dreiseitenkipper in Bernburg.

IFA Framo V 901 / Barkas V 901/2

Der Kleintransporter aus Hainichen

Der Kleintransporter V 901 unterschied sich von seinem Vorgänger V 501 durch den Einsatz des neuen IFA-F9-Dreizylindermotors, wurde auch als Kasten-, Kombi- oder Krankenwagen und als Kleinbus produziert. Der 901/2 Z (ab 1954) hatte neben anderen Detailverbesserungen ein breiteres Fahrerhaus sowie in die Kotflügel eingelassene Scheinwerfer. Ab 1956 kam beim 901/2 der Motor des Wartburg 311 zum Einsatz. Das Werk wurde 1957 in „VEB Barkas-Werke Hainichen" umbenannt (phönizisch: Barkas = Blitz). 1958 wurde der Hauptsitz der Barkas-Werke nach Karl-Marx-Stadt (heute wieder Chemnitz) verlegt, infolge des Zusammenschlusses mit dem dortigen Motorenwerk. Die Endmontage der Fahrzeuge aber verblieb in Hainichen. Die Kleintransporter Framo und Barkas aus Hainichen waren heiß begehrt und gerade für kleine private Handwerkbetriebe – die es in der DDR auch gab – nur mit sehr langen Wartezeiten erhältlich. Deshalb waren nicht wenige Framo noch bis zum Ende der DDR täglich im Einsatz. Der Name Framo steht übrigens als Kürzel für Frankenberger Motoren-Werke.

Oben: Der Barkas V 901/2 Kombi einer Fleischerei in Dresden-Neustadt war 1990 noch im Einsatz. *Unten:* Auch dieser Uralt-Framo V 901 Pritschenwagen einer kleinen Polsterei in Nienburg/Saale wurde bis 1990 noch fast täglich gefahren. Typisch für das Modell V 901 waren die freistehenden Lampen auf den Kotflügeln und das im Vergleich zum Nachfolger schmalere Führerhaus. Dieser Pritschenwagen hat aber schon die neue Kühlerfront des Nachfolgemodells V 901/2 Z.

Technische Daten	IFA Framo V 901	Barkas V 901/2
Hersteller	VEB Framo-Werke Hainichen	VEB Barkas-Werke Hainichen
Erstes Baujahr	1952	1956
Höchst-geschwindigkeit	70 km/h	82 km/h
Motor	– Dreizylinder-Zweitakt-Ottomotor –	
Hubraum	900 cm³	900 cm³
Leistung	18 kW (24 PS) bei 3.600 U/min	18 kW (24 PS) bei 3.600 U/min (V 901/2Z) 21 kW (28 PS) bei 3.600 U/min (V 901/2)
Max. Drehmoment	718 Nm bei 2.250 U/min	718 Nm bei 2.250 U/min
Abmessungen L/B/H		
Pritsche	4.360/1.600/1.650 mm	4.590 (4.740*)/1.700 (1.800*)/1.700 mm
Kasten	4.250/1.540/1.920 mm	4.375/1.650/1.910 mm
Kombi/Bus	–	4.375/1.650/1.910 mm
Leermasse		
Pritsche	950 kg	1.060 (1.090*) kg
Kasten	1.100 kg	1.210 kg
Kombi	–	1.330 kg
Bus	–	1.320 kg
Zulässige Gesamtmasse		
Pritsche	1.700 kg	1.860 (1.940*) kg
Kasten	–	1.900 kg
Kombi	–	1.930 kg
Bus	–	1.840 kg
Nutzmasse		
Pritsche	750 kg	800 (850*) kg
Kasten	600 kg	690 kg
Kombi	–	600 kg
Bus	–	1.840 kg
Bereifung	5.00-15 (vorn), 6.00-16 (hinten)	6.00-16

* Pritsche mit längerem Radstand (3.100 mm)

Diese beiden Barkas V 901/2, ein Pritschenwagen und ein Kombi, warten im Frühjahr 1992 bei einem Karl-Marx-Städter Autohändler auf Käufer. *Kleines Bild:* Zu schön, um in der DDR fotografiert zu sein! Ein museal erhaltener Barkas V 901/2 Pritschenwagen (Baujahr 1961) mit Spriegeln und Plane als Lieferwagen der Sternquell-Brauerei Plauen.

IFA Barkas B 1000 / B 1000-1

Der neu entwickelte Framo-Nachfolger

Im Jahr 1961 erschien mit dem Barkas B 1000 ein völlig neu entwickelter Eintonner – zunächst als Kastenwagen – auf dem Markt. 1964 folgte der achtsitzige Kombi, 1965 der Pritschenwagen, der Kleinbus und der Verkehrsunfall-Bereitschaftswagen. Die Karossen wurden in Karl-Marx-Stadt gefertigt, die Endmontage erfolgte im Werk Hainichen. Ab 1972 wurde der Motor des Wartburg 353 in gedrosselter Ausführung eingebaut. Der bis auf Kleinigkeiten über Jahre unveränderte B 1000 war wegen seiner Geräumigkeit und Robustheit sehr beliebt. Erst ab 1988 stand durch das VW-Motorenprojekt für den Trabant und den Wartburg ein Viertakter zur Verfügung. Der mit dem Viertakt-Motor ausgestattete B 1000-1 glich äußerlich seinen Vorgängern bis auf die seitliche Schiebetür. Inzwischen kam die Währungsunion, und plötzlich gab es viele Alternativen zum Barkas. Nach nur 1.300 gefertigten Viertaktern musste die Produktion des einst so begehrten Fahrzeugs mangels Absatzes im April 1991 eingestellt werden. Die bereits für eine geplante, aber gescheiterte Verlagerung nach Russland verpackten Produktionseinrichtungen wurden schließlich verschrottet.

Oben: Ein Barkas B 1000 Kleinbus als Verkehrsunfall-Bereitschaftswagen der Volkspolizei. *Unten:* Dieser B 1000 Pritschenwagen ist 1990 in Könnern bei einem Dachdeckerbetrieb im Einsatz.

Ein privater Friedhofsgärtner in Binz/Rügen fuhr 1991 als Dienstfahrzeug noch einen achtsitzigen B 1000 Kombi. Dies war allerdings kein gewöhnlicher Barkas, sondern ein ehemaliger Bestattungswagen. Die „letzte Fahrt" eines DDR-Bürgers zum Bestatter fand meist in solch einem dunkelgrauen B 1000 Kombi statt. Heute übliche Pkw-Sonderausführungen als Bestattungswagen gab es in der DDR nicht. Nur für Rückholungen im Ausland verstorbener DDR-Bürger existierten zwei oder drei Volvo-Bestattungswagen. Den eigentlich robusten Barkas B 1000 mit ihren Zweitaktmotoren traute man die langen Auslandsreisen dann wohl doch nicht zu.

Technische Daten	Barkas B 1000	Barkas B 1000	Barkas B 1000-1
Hersteller		– VEB Barkas-Werke Karl-Marx-Stadt –	
Erstes Baujahr	1961	1972	1989
Höchstgeschwindigkeit	95 km/h	100 km/h	100 km/h
Motor	Dreizylinder-Zweitakt-Ottomotor		Vierzylinder-Viertakt-Ottomotor
Hubraum	991 cm³	992 cm³	1.272 cm³
Leistung	31 kW (42 PS) bei 4.000 U/min	33 kW (45 PS) bei 4.000 U/min	43 kW (58 PS) bei 5.500 U/min
Max. Drehmoment	96 Nm bei 2.500 U/min	103 Nm bei 2.500 U/min	96 Nm bei 3.500 U/min
Abmessungen L/B/H			
Pritsche ohne (mit) Plane		– 4.725/2.124/1.910 (2.300) mm –	
Kasten, Kombi, Bus		– 4.595/2.124/1.910 mm –	
Koffer		– 4.555/2.124/2.220 mm –	
Leermasse			
Pritsche	1.300 kg	1.300 kg	1.335 kg
Kasten	1.240 kg	1.240 kg	1.275 kg
Kombi	1.425 kg	1.425 kg	1.335 kg
Zulässige Gesamtmasse			
Pritsche	2.350 kg	2.350 kg	2.385 kg
Kasten	2.240 kg	2.240 kg	2.275 kg
Kombi	2.050 kg	2.050 kg	2.295 kg
Nutzmasse			
Pritsche	1.050 kg	1.050 kg	1.050 kg
Kasten	1.000 kg	1.000 kg	1.000 kg
Kombi	625 kg	625 kg	960 kg
Bereifung	6.70-13 extra Transport	6.70-13 extra Transport	185 R14

Robur Garant 30 K / 32 K

Ein *luftgekühlter* Zweitonner aus Zittau

Die seit 1888 bestehenden Zittauer Phänomen-Werke wurden nach dem Zweiten Weltkrieg demontiert und die Besitzer enteignet. Unmittelbar nach dem Krieg wurde mit Kraftfahrzeug-Reparaturen für die Rote Armee ein Neubeginn gewagt. 1948 als Phänomen-Werk Zittau in die IFA eingegliedert wurden zunächst erst einmal die Vorkriegsmodelle wieder produziert. Diese Lkw „Phänomen Granit" durften aber wegen einer Klage der enteigneten Besitzer diese Bezeichnung nicht mehr führen und wurden deshalb am 1. Juli 1956 in „Garant" umgetauft, und das Phänomen-Werk in VEB Robur-Werke Zittau. Der Garant wurde bis 1961 in über 50.000 Exemplaren als Pritschenwagen, Kastenwagen, Krankenwagen, Reisebus und Chassis für Sonderaufbauten gefertigt. Bis zum Ende der DDR waren Garant-Lkw auf den Straßen anzutreffen.

Oben: Ein Robur Garant 30 K Pritschenwagen mit kurzem Radstand. *Unten:* Dieser Robur Garant 30 K Drehleiterwagen war lange Jahre im RAW Karl-Marx-Stadt im Einsatz. Die Zwölf-Meter-Leiter wird elektrisch angetrieben.

Technische Daten	Robur Garant 30 K	Robur Garant 32
Hersteller	- VEB Robur-Werke Zittau -	
Erstes Baujahr	1953	1953
Höchst-geschwindigkeit	80 km/h	78 km/h
Motor	Vierzylinder-Ottomotor luftgekühlt	Vierzylinder-Dieselmotor luftgekühlt
Hubraum	3.000 cm³	3.181 cm³
Leistung	44 kW (60 PS) bei 2.800 U/min	318 kW (52 PS) bei 2.600 U/min
Max. Drehmoment	176 Nm bei 1.800 U/min	159 Nm bei 2.000 U/min
Abmessungen L/B/H		
Pritsche	6.000/1.990/2.150 mm	6.000/1.990/2.150 mm
Kasten	6.050/2.100/2.550 mm	6.050/2.100/2.550 mm
Koffer	6.140/2.100/2.490 mm	6.140/2.100/2.490 mm
Krankenwagen	–	5.400/1.920/2.350 mm
Bus	–	6.100/2.080/2.650 mm
Leermasse		
Pritsche	2.250 kg	2.470 kg
Kasten	2.620 kg	2.820 kg
Koffer	2.620 kg	2.820 kg
Krankenwagen	2.570 kg	–
Bus	2.980 kg	–
Zulässige Gesamtmasse		
Pritsche	4.200 kg	4.420 kg
Kasten	4.220 kg	4.420 kg
Koffer	4.220 kg	4.420 kg
Krankenwagen	3.050 kg	–
Bus	4.280 kg	–
Nutzmasse		
Pritsche	1.950 kg	1.950 kg
Kasten	1.600 kg	1.600 kg
Koffer	1.600 kg	1.600 kg
Krankenwagen	480 kg	–
Bus	1.300 kg (18 Sitze)	–
Bereifung	- 6.50-20, Krankenwagen: 7.00-20 -	

Robur Garant 32 K Pritschenwagen mit langem Radstand in der Nähe von Uckro. *Kleines Bild:* Bei der Feuerwehr in Königs-Wusterhausen war dieser Garant 30 K als Mannschaftswagen im Einsatz und stand am 1. Mai 1988 in der geschmückten Innenstadt von Königs-Wusterhausen.

Robur LO/LD 3001/ LO/LD 3002

Der neue Frontlenker aus Zittau

1961 ersetzte der VEB Robur-Werke Zittau seine bisherigen Lkw-Typen durch einen neuen Frontlenkertyp. Von diesem wurden zunächst zwei Prototypen als Omnibusse gebaut und auf der Leipziger Frühjahrsmesse 1957 vorgestellt. Vier Jahre später wurden die ersten LKW LO 2500 vorgestellt, welche dann auch in Serie gingen. Die ersten Fahrzeuge bekam die Nationale Volksarmee. Anschließend wurden Omnibusse aufgelegt, ab Herbst 1962 Fahrzeuge mit Kofferaufbau, 1963 ein Mehrzweckwagen und 1964 ein Kastenwagen. Dazu kamen in Zusammenarbeit mit Kooperationspartnern noch andere Spezialaufbauten. Ab 1964 gab es vom Modell 2501 alternativ die LD-Varianten (mit Dieselmotor). Durch Überarbeitung bekamen die Modelle eine neue Frontgestaltung, der optische Eindruck wurde dadurch verbessert. Die Türen waren nun vorn, statt bisher hinten angeschlagen. Bei Kasten-, Mehrzweckwagen und Bus wurde der Motor etwas nach vorn verlegt. Das 1973 eingeführte Modell 3001 und der 3002 aus dem Jahr 1983 unterschieden sich von ihren Vorgängern durch leistungsgesteigerte Motoren und die Erhöhung der Nutzmasse. Dadurch wurden Verstärkungen von Rahmen, Achsen und Bremsanlage erforderlich. Dazu kam eine Kugelumlauflenkung. Für den Export wurden die Fahrzeuge auch mit ➛

Oben: Ein Robur LO 3001 Kofferfahrzeug, 1991 fotografiert vor klassischer DDR-Industriekulisse in Baalberge.

Technische Daten	Robur LO 3000/3001	Robur LD 3002
Hersteller	– VEB Robur-Werke Zittau –	
Erstes Baujahr	1973	1983
Höchst-geschwindigkeit	80 km/h	81 km/h
Motor	Vierzylinder-Ottomotor luftgekühlt	Vierzylinder-Dieselmotor luftgekühlt
Hubraum	3.345 cm³	3.930 cm³
Leistung	55 kW (75 PS) bei 2.800 U/min	50 kW (68 PS) bei 2.600 U/min
Max. Drehmoment	225 Nm bei 1.900 U/min	216 Nm bei 1.800 U/min
Abmessungen L/B/H		
Pritsche	6.075/2.405/2.490 mm	6.075/2.405/2.420 mm
Koffer	5.950/2.405/2.960 mm	k.A.
Mehrzweckwagen	6.450/2.405/2.615 mm	k.A.
Bus	6.800/2.405/2.800 mm	k.A.
Leermasse		
Pritsche	2.600 kg	2.825 kg
Koffer	3.050 kg	k.A.
Mehrzweckwagen	3.400 kg	k.A.
Bus	3.600 kg	k.A.
Zulässige Gesamtmasse		
Pritsche	5.700 kg	5.800 kg
Koffer	5.750 kg	k.A.
Mehrzweckwagen	5.700 kg	k.A.
Bus	5.250 kg	k.A.
Nutzmasse		
Pritsche	3.100 kg	2.975 kg
Koffer	2.650 kg	k.A.
Mehrzweckwagen	2.300 kg	k.A.
Bus	1.650 kg (21 Sitze)	k.A.
Bereifung	6.50-20	7.50 R16 oder 6.50-20

Robur LO/LD 3001/ LO/LD 3002

kleineren Rädern und Radialreifen angeboten. Ab 1982 gab es eine LD-(Diesel)-Variante des Modells 3000. Weitere von den Zittauer Fahrzeug-Konstrukteuren geplante Verbesserungen, wie zum Beispiel Einsatz von Deutz-Dieselmotoren, scheiterten an den beschränkten Möglichkeiten der DDR-Wirtschaft.

Oben: In der Niederlassung Nienburg/Saale der Firma Gillen Service ist dieser farbenfroh lackierte LD 3001 im Jahr 1990 im Einsatz. *Unten:* Dieser rostgeschädigte LD 3002 AFR6/B-Tr Omnibus wurde im Sommer 1992 in der Nähe von Chemnitz fotografiert.

Diese LO/LD-Modelle entsprachen bis auf den Allrad-Antrieb den Basis-Fahrzeugen. In der DDR gehörten Armee, Polizei, Feuerwehr und Bergrettungsdienst zum Nutzerkreis. Die Nutzmassen der Fahrzeuge fielen durch den Allradantrieb geringer aus. Für den Export, besonders in Entwicklungsländer, wurden die Fahrzeuge unter dem Namen „Safari" gebaut, aber auch mit Pritschen-, Bus- oder Krankenwagen-Fahrzeugaufbau angeboten. Die Bezeichnungen „LO" und „LD" standen bei allen Robur-Modellen jeweils für „Lastkraftwagen mit Otto-Motor", bzw. „Lastkraftwagen mit Diesel-Motor". Umgangssprachlich wurden alle Robur-Fahrzeuge einfach nur „Ello" genannt, abgeleitet von der Abkürzung „LO". Dabei wurde nicht zwischen dem Benziner und der Dieselvariante unterschieden.

Im Auftrag des Ministeriums für Land-, Forst- und Nahrungsgüterwirtschaft der DDR wurden Mitte der 80er-Jahre viele LO zum LD umgebaut. Zum Einsatz kam dabei der russische Motor D-242. Ein LD 1800 A mit Kertitox-Aufbauspritze, 2004 bei Ottendorf. *Kleines Bild oben:* Der LD 2002 AFR7/Mz war eine Variante des ab 1974 produzierten LD 2002 A. Auf die Dienste des mobilen Werkstattwagens konnte der Agrarbetrieb Ruppendorf bei Dippoldiswalde im Sommer 2004 noch nicht verzichten.

Technische Daten	Robur LO 1801 A	Robur LD 2002 A
Hersteller	– VEB Robur-Werke Zittau –	
Erstes Baujahr	1965	1974
Höchstgeschwindigkeit	80 km/h	80 km/h
Motor	Vierzylinder-Ottomotor luftgekühlt	Vierzylinder-Dieselmotor luftgekühlt
Hubraum	3.345 cm³	3.930 cm³
Leistung	55 kW (75 PS) bei 2.800 U/min	50 kW (68 PS) bei 2.600 U/min
Max. Drehmoment	225 Nm bei 1.900 U/min	216 Nm bei 1.800 U/min
Abmessungen L/B/H	5.400/2.370/2.550 mm	5.435/2.405/2.560 mm
Leermasse	2.850 kg	3.150 kg
Zulässige Gesamtmasse	5.500 kg	5.500 kg
Nutzmasse	2.650 kg	2.350 kg
Bereifung	10.00-20	10.00-20

Oben: Vor dem Magdeburger Hauptbahnhof parkt 1991 dieser ehemalige NVA-Robur LD 2002 mit Funkkoffer, der zum Entstörfahrzeug für die RBD Magdeburg umfunktioniert wurde. *Unten:* Ein Robur LD 2002 AKSF der Feuerwehr steht im Frühjahr 1992 in Quedlinburg.

IFA S4000-1

Der Sachsenring-Lkw aus Werdau

Im Sommer 1990 ist diese S4000-1 Z Zugmaschine einer Umzugs-Spedition mit einem Möbel-Anhänger in Dresden-Neustadt unterwegs. *Kleines Bild:* Dieser S4000-1 Pritschenwagen mit Spriegeln und Plane wurde im Januar 1991 in Nienburg/Saale fotografiert.

Auf der Leipziger Frühjahrsmesse 1958 wurde der IFA S4000 – das Kürzel steht für „Sachsenring 4.000 kg" – erstmals vorgestellt. Er war der Nachfolger des IFA H3A und hatte eine um 500 kg höhere Nutzlast als sein Vorgänger, besaß aber noch dessen Motor und Getriebe. Bereits zur Herbstmesse des selben Jahres wurde eine modifizierte Variante, der S4000-1, vorgestellt, dessen Motorleistung auf 66 kW (90 PS) gesteigert war und der über ein synchronisiertes Getriebe und eine Druckluft-Bremsanlage für den Anhänger verfügte. Die Zwickauer Werke VEB Horch und VEB Automobilwerk (vormals Audi) wurden am 1. August 1958 zum VEB Sachsenring Automobilwerk zusammengeschlossen, um Kapazitäten für die Fertigung des Kleinwagens Trabant zu schaffen. Deshalb wurde die S4000-Produktion in den VEB Kraftfahrzeugwerk „Ernst Grube" in Werdau verlegt. Dort wurden bis 1967 21.460 Fahrzeuge in 19 Varianten montiert, zum Beispiel eine Tiefrahmenvariante für Möbelkofferaufbauten. Viele Betriebe konnten auch reichliche 20 Jahre nach Produktionsende der Fahrzeuge nicht auf die Dienste des S4000-1 verzichten, sodass auch 1989 noch zahlreiche dieser Lkw im Einsatz waren.

Ein S4000-1 Dreiseitenkipper lädt im Sommer 1990 im Bahnhof Gernrode Braunkohle-Briketts. *Unten:* Der Autodrehkran ADK 63 auf dem Fahrgestell des IFA S4000-1 hatte eine Tragfähigkeit des Grundauslegers von 6,3 Tonnen. Er wurde von 1965 bis 1975 als ADK 6,3/ADK 63 und in den Weiterentwicklungen ADK 63-1 und ADK 63-2 bis 1971/72 beim VEB Hebezeugwerk Sebnitz und danach bis 1975 beim VEB Schwermaschinenbau „Georgi Dimitroff" in Magdeburg gebaut.

Technische Daten	IFA S4000-1
Hersteller	VEB Kraftfahrzeugwerk „Ernst Grube" Werdau
Erstes Baujahr	1958
Höchst-geschwindigkeit	75 km/h
Motor	Vierzylinder-Dieselmotor
Hubraum	6.024 cm³
Leistung	66 kW (90 PS) bei 2.200 U/min
Max. Drehmoment	343 Nm bei 1.000 U/min
Abmessungen L/B/H	
Pritsche	6.491/2.370/ 2.344 mm
Koffer	6.400/2.370/ 2.665 mm
Dreiseitenkipper	6.025/2.300/ 2.344 mm
Zugmaschine	4.810/2.370/ 2.344 mm
Leermasse	
Pritsche	4.100 kg
Koffer	4.650 kg
Dreiseitenkipper	4.600 kg
Zugmaschine	3.900 kg, dazu 1.000 kg Ballast
Zulässige Gesamtmasse	
Pritsche, Koffer	8.100 kg
Dreiseitenkipper	8.000 kg
Zugmaschine	7.400 kg
Nutzmasse	
Pritsche	4.000 kg
Koffer	3.350 / 4.500 kg
Dreiseitenkipper	4.500 kg
Bereifung	8.25-20

IFA G5-II

Eine Auftragsentwicklung für das Militär

Der G5-II ist der Nachfolger des G5, welcher in militärischem Auftrag vom Fahrzeugentwicklungswerk (FEW) im damaligen, kurz vor der Namensänderung stehenden Chemnitz unter Verwendung von Baugruppen des IFA H6 entwickelt wurde. Der G5-II wurde mit einem stärkeren Motor ausgerüstet. Bis 1964 sind ca. 10.000 Fahrzeuge in meist militärischen Aufbauvarianten (Kipper, Kran, Mannschaftstransporter, Tankwagen, Funk-Koffer, Laborkoffer u.a.) hergestellt worden. Zivil kam er als Pritschenwagen, Mulden- oder Dreiseitenkipper, mit Tank- und Werkstattaufbau zum Einsatz. Der Muldenkipper hatte einen kürzeren Radstand. 1960 sollte die Produktion eingestellt werden, mangels Alternativen an allradgetriebenen Lkw verfügte die NVA aber den Weiterbau des G5-II. Das letzte Fahrzeug verließ 1964 das Werk in Werdau. Die Nachfolge des G5 in der NVA trat der sowjetische Import-Lkw Ural an.

Der in Baalberge fotografierte G5-II mit Stahlpritsche war vor seiner zivilen Laufbahn bei der LPG Baalberge ein Mannschafts-Transportwagen der NVA. *Unten:* Auch für zivile Kunden wurde der G5 als Pritschenwagen angeboten. Dieser G5-II mit Holzpritsche, Spriegeln und Plane wurde im Mai 1990 in Dresden aufgenommen. Der IFA G5-Lkw erlangte übrigens weit über die Grenzen der DDR hinaus unrühmliche Bekanntheit, weil viele dieser NVA-Lkw beim Mauerbau 1961 in Berlin im Einsatz waren.

Dieser G5-II mit Tankaufbau wurde in Aschersleben museal erhalten. Das Fassungsvermögen des Tanks beträgt 4.000 Liter Kraftstoff. *Unten:* Auf Basis des Unterwagens des G5 wurde der Montagekran der NVA, ADK III/3 G5, mit einer Tragfähigkeit von 3 Tonnen entwickelt.

Technische Daten	IFA G5-II
Hersteller	VEB Kraftfahrzeugwerk „Ernst Grube“ Werdau
Erstes Baujahr	1957
Höchst-geschwindigkeit	Straße 72 km/h Gelände 47 km/h
Antriebsformel	6x6
Motor	Sechszylinder-Dieselmotor
Hubraum	9.840 cm³
Leistung	88 kW (120 PS) bei 2.000 U/min
Max. Drehmoment	538 Nm bei 1.000 U/min
Abmessungen L/B/H	7.175/2.500/ 3.000 mm
Leermasse	7.850 kg Mannschaftstransportwagen 8.400 kg
Zulässige Gesamtmasse	13.000 kg im Gelände 11.500 kg
Nutzmasse	5.150 kg im Gelände 3.650 kg
Bereifung	8.25-20

IFA W50

Der DDR-Standard-Lkw aus Ludwigsfelde

Im Jahr 1952 entstand auf dem Gelände des ehemaligen Daimler-Benz Flugmotorenwerks Genshagen das Industriewerk Ludwigsfelde. Zunächst wurden Schiffsdieselmotoren, die Diesel-Ameise DK 3 (Vorgänger des Multicar) und die Motorroller Pitty, Wiesel, Berlin und Troll gefertigt. Anschließend war die Fertigung von Strahltriebwerken für Passagierflugzeuge geplant.
Durch die im Jahr 1961 beschlossene Einstellung der DDR-Flugzeugproduktion standen nun Kapazitäten und gut ausgebildete Arbeitskräfte zur freien Verfügung.
Der W50 war gerade in Werdau entwickelt worden. Somit passte es gut, das Ludwigsfelder Werk für die 1962 beschlossene W50-Produktion auszubauen. Neu entstanden war eine große Montagehalle für die Pressenstraße, den Karosseriebau und die Endmontage. Durch die neue Technologie der Explosions-Umformung bei Hinterachsgehäusen machte der Betrieb in der Folgezeit Schlagzeilen.
Im Juli 1965 begann die Serienproduktion des W50, der vorerst als Pritschenfahrzeug die Hallen verließ. Im ersten Jahr wurden 855, im Folgejahr bereits 5.775 Stück hergestellt. Die ersten Varianten kamen ab März 1966, Dreiseitenkipper und Kofferwagen. 1967 folgte eine sogenannte Speditions-Pritsche (längerer Radstand). Die Motoren wurden im selben Jahr vom Wirbelkammer-Verfahren auf Direkteinsprit- →

Bei der Feuerwehr in Neubrandenburg stand 1995 noch dieser W50 L mit der Drehleiter DL 30 im Dienst.

Der DDR-Standard-Lkw aus Ludwigsfelde

In Köthen wurde 1992 dieser W50 L/K 3SK5 Dreiseitenkipper fotografiert.

zung (Lizenz von MAN) umgestellt. Die Fahrzeuge wurden ständig verbessert, das Programm erweitert: 1969 Ablösung der Ratschenhandbremse durch die Federspeicherbremse, 1973 Einführung der Kugelumlauf-Lenkung, 1974 eine überarbeitete Bremsanlage. Der Kunde konnte unter 60 Varianten (siehe Kasten S. 72) auswählen. Die 70 Prozent Exportanteil teilten ➛

Technische Daten	IFA W50 L	IFA W50 LA
Hersteller	– VEB IFA-Automobilwerk Ludwigsfelde –	
Erstes Baujahr	1965	1985
Höchstgeschwindigkeit	83 km/h, ab 1967 90 km/h	83 km/h
Motor	– Vierzylinder-Dieselmotor –	
Hubraum	6.560 cm³	6.560 cm³
Leistung	81 kW (110 PS) bei 2.200 U/min ab 1967	92 kW (125 PS) bei 2.300 U/min 92 kW (125 PS) bei 2.300 U/min
Max. Drehmoment	392 Nm bei 1.400 U/min	422 Nm bei 1.350 U/min
ab 1967	422 Nm bei 1.350 U/min	
Abmessungen L/B/H	6.350/2.500/2.600 mm	7.150/2.500/3.310 mm
Leermasse	4.600 kg, ab 1967 4.400 kg	5.900 kg
Zulässige Gesamtmasse	9.800 kg, ab 1967 10.450 kg	9.620 kg
Nutzmasse	5.200 kg, ab 1967 5.300 kg	3.000 kg, auch im Gelände
Bereifung	8.25-20	16.00-20

W50 L/NKP-1 Kofferfahrzeug der Deutschen Post in Bernburg. *Unten:* Als Beispiel für die 40 Länder, in die der W50 exportiert wurde, möge hier Kuba stehen. Dieser W50 LA/W Werkstattkoffer wurde in Santiago de Cuba fotografiert. Er wurde als Übertragungswagen für das kubanische Fernsehen eingesetzt.

sich RGW-Länder mit Ländern Asiens, Afrikas und Lateinamerikas und deren unterschiedlichsten Armeen. Der starke Export machte das Ludwigsfelder Werk zum wichtigen Devisenbringer für die DDR. Die Kehrseite davon war, dass es im Inland ständig Lieferprobleme bei Lastkraftwagen und Mangel an Ersatzteilen gab. Bis 1990 verließen insgesamt 571.800 W50 die Werkhallen vor den Toren Berlins. Davon sind heute noch zahlreiche Exemplare weltweit unterwegs.

Einige Varianten des IFA-LKW W50 (1985)

Modell	Antriebsformel	Aufbau
W50 L	4x2	Pritschenfahrzeug
W50 L/SP	4x2	Speditionsfahrzeug
W50 L/LB	4x2	Pritschenwagen m. hydraulischer Ladebordwand
W50 L/LK	4x2	Pritschenwagen m. Ladekran
W50 L/FP	4x2	Pritschenwagen m. langem Fahrerhaus
W50 L/BTP	4x2	Bautrupp-Fahrzeug
W50 LA/PV	4x4	Pritschenfahrzeug m. Allradantrieb
W50 LA/PV-ND	4x4	Pritschenfahrzeug m. Allradantrieb u. Niederdruckreifen
W50 LA/PVB-1-ND	4x4	wie W59 LA/PV-ND, Export-Sonderausführung
W50 LA/A	4x4	Pritschenfahrzeug Militärausführung m. Allradantrieb
W50 L/Z	4x2	Zugmaschine
W50 L/S	4x2	Sattelzugmaschine
W50 L/S-HLS 100.02	4x2	Pritschensattelzug
W50 L/S HLS 90.48/1	4x2	Mischfutter-Sattelzug
W50 L/K 3SK5	4x2	Dreiseitenkipper
W50 LA/K 3SK5	4x4	Dreiseitenkipper m. Allradantrieb
W50 LA/Z 3SK5-ND	4x4	Dreiseitenkipper m. Allradantrieb u. Niederdruckreifen
W50 LA/Z 2SK5-ND	4x4	Zweiseitenkipper m. Allradantrieb u. Niederdruckreifen
W50 LA/K-MK 5/6	4x4	Muldenkipper m. Allradantrieb
W50 L/NKP-1	4x2	Kofferfahrzeug
W50 L/IKP-1	4x2	Isolierkofferfahrzeug
W50 L/KKP	4x2	Kühlkofferfahrzeug
W50 L/MK	4x2	Möbelkofferfahrzeug
W50 LA/W-ND	4x4	Werkstatt-Kofferfahrzeug m. Allradantrieb u. Niederdruckreifen
W50 LA/WT 80P	4x4	Wassertankwagen m. Allradantrieb
W50 LA/KT 4601	4x4	Kraftstoff-Tankwagen m. Allradantrieb
W50 LA/AB	4x4	Abschlepp- u. Bergefahrzeug m. Allradantrieb
W50 LA/TLF 16	4x4	Tanklöschfahrzeug m. Allradantrieb
W50 L/LF 16	4x2	Löschgruppenfahrzeug
W50 L/DL 30	4x2	Drehleiterfahrzeug

Außerdem gab es Zweiwege-Werkstatt-Kofferfahrzeuge zur Fahrleitungsunterhaltung bei Straßenbahn-Betrieben.

Oben: W50 L/S Sattelzugmaschine mit Milch-Tankauflieger aus dem VEB Fahrzeugwerk „Ernst Grube“ Werdau.

Linke Seite: Der VEB Kraftverkehr Köthen nutzte lange Jahre diesen W50 LA/AB als Abschlepp- und Bergefahrzeug für liegen gebliebene Busse und Lkw.

Mitte: Ein W50 L/BTP Bautrupp-Fahrzeug mit großem zehnsitzigen Fahrerhaus.

Rechts: Ein Dreiseitenkipper des ACZ Bernburg, W50 LA/Z 3SK5-ND mit Allradantrieb und Niederdruckbereifung, den sogenannten „Ballonreifen“.

Ein neuer Sechszylinder-Lkw mit kippbarem Fahrerhaus

Die Entwicklung eines im Vergleich zum W50 stärkeren Fahrzeugs mit kippbarer Kabine begann bereits Ende der 60er-Jahre. Der Prototyp war 1971 fertiggestellt. Ein weiteres Ziel, die Vereinheitlichung der Kabinenteile mit denen des neuen Robur-LKW, scheiterte an den volkswirtschaftlichen Möglichkeiten, ebenso wie die Übernahme eines modernen Führerhauses von Volvo. So wurde mit großem Aufwand, aber fast ohne optische Wirkung, die alte W50-Kabine für ein kippbares Modell modifiziert. Ende 1986 begann die Fertigung einer Nullserie. Ab Juni 1987 verließen die ersten Serienfahrzeuge – im Hinblick auf Exportabsichten als allradgetriebene Variante – das Werk. Die Standardvariante des L60 gab es ab 1989. Bis Ende 1990 wurden reichlich 20.000 Einheiten montiert. Eine als Prototyp vorliegende dreiachsige Variante kam nicht mehr in die Serienfertigung. Nach der deutsch-deutschen Währungsunion waren die einst so begehrten Lastwagen selbst zu Dumpingpreisen kaum noch absetzbar.

Oben: Im Hof der Deutschen Post in Bernburg standen 1992 dieser W50 L/NKP-1 Koffer (rechts) und der L60 1218 Koffer 4x4, und erlauben so einen Vergleich zwischen den beiden Lkw-Typen; der W50 wirkt im direkten Vergleich deutlich zierlicher. *Unten:* Ein L60 1218 IKB 4x2 mit modernem Isothermkoffer.

Technische Daten	IFA L60 1218 P Pritsche	IFA L60 1218 P-B 4x4 Pritsche
Hersteller	- VEB IFA-Automobilwerk Ludwigsfelde -	
Erstes Baujahr	1987	1987
Höchst-geschwindigkeit	100 km/h	93 km/h
Antriebsformel	4x2	4x4
Motor	- Sechszylinder-Dieselmotor -	
Hubraum	9.160 cm³	9.160 cm³
Leistung	81 kW (180 PS) bei 2.300 U/min	81 kW (180 PS) bei 2.300 U/min
Max. Drehmoment	634 Nm bei 1.250 U/min	634 Nm bei 1.250 U/min
Abmessungen L/B/H	7.340/2.500/3.350 mm	6.690/2.500/3.130 mm
Leermasse	5.500 kg	6.000 kg
Zulässige Gesamtmasse	12.500 kg	12.400 kg
Nutzmasse	7.000 kg	6.400 kg
Bereifung	9.00-20	9.00-20

Ein leicht ramponierter L60 1218 4x4 P-B mit Allradantrieb und Niederdruckbereifung. Diese ehemaligen NVA-Fahrzeuge standen 1992 in Bernburg für die Übernahme durch das THW bereit.

Mobilkran T 174/T 174-2

Das Hebezeug für Landwirtschaft und Bauwesen

Der Mobilkran T 174 ist eine Weiterentwicklung des Laders T 172 mit neuem konstruktiven Konzept. Neu ist die Vollhydraulik in allen Funktionen außer am Drehwerk und beim Fahrantrieb. Die Einsatzbereiche wurden nun von der Landwirtschaft auf die Bereiche Melioration und Bauwesen erweitert. Weil der Ausleger nicht mehr über Seile, sondern durch Hydraulikzylinder angetrieben wurde, konnte der Kran durch Umstecken des Auslegers für Hoch- oder Tieflöffel-Arbeiten genutzt werden. Der neue Ausleger bot die Möglichkeit des universellen Anbaus von Arbeitswerkzeugen. Es folgte 1967 die Variante T 174-1; 1974 der T 174-2 mit hydraulischer Abstützung, Bremskraftverstärker, Federspeicherbremse, vollhydraulischer Lenkung und auf 2,5 Tonnen erhöhter Tragkraft; 1982 der T 174-2A mit Tragfähigkeitsanzeige und 1988 der T 174-2B mit Anhängerkupplung und zusätzlichem Ölkühler. Ein Sonderling war der T 174-2E, ein speziell für die Landwirtschaft umgebauter T 174-2A, der zum Antrieb der Hydraulikpumpe zusätzlich über einen Elektromotor verfügte und von einem vorhandenen stationären Elektroanschluss aus kraftstoffsparend elektrisch betrieben werden konnte. Insgesamt wurden 8.914 T 174/T 174-1 und etwa 18.924 T 174-2 gefertigt.

Ein T 174-2B des Gleisbau Magdeburg der Deutschen Reichsbahn war 1990 am Bahnhof Förderstedt im Einsatz. Teilnehmer am DDR-Straßenverkehr erlebten den T 174 mit seinem charakteristischen ohrenbetäubenden Motorgeräusch oft als Verkehrshindernis. Der nur 18 km/h langsame Mobilkran kroch bei Überführungen auf der Straße im Schneckentempo dahin und zog oft lange Autoschlangen mit fluchenden Kraftfahrern hinter sich her.

Technische Daten	Mobilkran T 174	Mobilkran T 174-2
Hersteller	– VEB Weimar-Werk –	
Erstes Baujahr	1965	1974
Höchstgeschwindigkeit	18 km/h, im Schlepp 20 km/h	18 km/h, im Schlepp 20 km/h
Antriebsformel	4x4	4x4
Motor	– Zweizylinder-Dieselmotor –	
Hubraum	3.280 cm³	3.280 cm³
Leistung	26,48 kW (36 PS) bei 1.500 U/min	25,40 kW (34,5 PS) bei 1.500 U/min
Max. Tragfähigkeit	2.000 kg	2.500 kg
Abmessungen in Transportstellung L/B/H	6.600/2.500/2.800 mm	6.800/2.500/2.850 mm
Leermasse	6.000 kg	8.500 kg
Bereifung	12,5-20 EM	12,5-20 A 19 10 PR

Der erste Autokran aus Babelsberg

Autodrehkran ADK 125

Dieser 1990 fotografierte ADK 125 gehörte dem VEB Zementwerk Bernburg, den späteren Schwenk-Zementwerken.

Im Babelsberger VEB Lokomotivbau „Karl-Marx“ (ehemals Orenstein & Koppel) wurden bis 1974 Großdiesellokomotiven gefertigt. Das RGW beschloss, dass diese von der DDR nicht mehr gebaut werden sollten – und die DDR hielt sich daran. Unter der ortsansässigen Bevölkerung kursierte 1974 das auf Unverständnis und Verärgerung stoßende Gerücht, dass die Vorrichtungen der konstruktiv und technologisch ausgereiften Diesellokomotive V180 verschrottet werden und stattdessen Autokrane gebaut werden sollten! Und so kam es dann auch. Dazu wurde der ADK 125 aus dem VEB Schwermaschinenbau „Georgi Dimitroff“, Magdeburg, unverändert übernommen. Der Babelsberger Betrieb hieß nun VEB Maschinenbau „Karl Marx“. Die Produktionsumstellung und die Verlagerung verliefen in beiden Betrieben während der laufenden Produktion. 1975 begann in Babelsberg die Serienfertigung des ADK 125. Danach entstanden durch laufende Weiterentwicklungen die Typen ADK 125-1, 125-2 und 125-3 sowie eine Exportvariante HC 38 und das Hebegerät HG 125 auf einem Panzerfahrgestell. Die Unterwagen wurden vom Kooperationspartner RABA Györ (Ungarn) geliefert. Mit diesem Partner gab es permanent Probleme bei der Termintreue, der Qualität und dem Preis, welche schließlich zur Produktionseinstellung im Jahr 1987 führten.

Technische Daten	Autodrehkran ADK 125
Hersteller	VEB Maschinenbau „Karl Marx“ Babelsberg
Erstes Baujahr	1975
Motor	Sechszylinder-Dieselmotor, wassergekühlt
Leistung	142 kW (190 PS) bei 2.300 U/min
Höchstgeschwindigkeit	Straße 70 km/h, Kranfahrgeschwindigkeit unter Last max. 5 km/h
Anhängelast	max. 9.000 kg
Gewicht	19.100 kg (einfach teleskopierbar) 19.500 kg (zweifach teleskopierbar)
Ausleger	hoch teleskopierbar, Normalausleger (Grundausleger, Ausschubteil und Teleskopierzylinder), Normalausleger mit Ausschubverlängerung (Normalausleger, Ausschubverlängerung und Verriegelungssystem)
Auslegerneigung	max. 63°, min. 5° (unter Last)
Abstützung	4 hydraulisch bewegte Stützen; Stützlast 18.500 kg je Stütze
Fahrerkabine	Frontlenkeraufbau mit Doppellenkung, Möve-Schwingsitz zur Kranbedienung um 180° schwenk- und verriegelbar
Steuerung der Krantriebwerke	durch Handhebel vom Kranbedienungssitz aus
Max. Tragfähigkeit	
abgestützt 360° drehbar	12.500 kg
freistehend 360° drehbar	5.000 kg
freistehend verfahrbar, Ausleger nach hinten	9.000 kg
Kraftstoffverbrauch	
Fahrbetrieb	37 Liter/100 km
Kranbetrieb	8 Liter/100 km
Bereifung	12.00-20 PR 18 Schwerlast

ARO M473 / 240

Die Import-Geländewagen aus Rumänien

Technische Daten	ARO M473
Hersteller	Automobilwerk I.M.M. Câmpulung Muscel, SR Rumänien
Import	ab 1976
Höchst-geschwindigkeit	100 km/h
Antriebsformel	4x4
Motor	Vierzylinder-Vergasermotor
Hubraum	2.495 cm³
Leistung	59 kW (80 PS) bei 4.200 U/min
Drehmoment	165 Nm bei 2.500 U/min
Abmessungen L/B/H	3.854/1.710/2.050 mm
Leermasse	1.550 kg
Zulässige Gesamtmasse	2.200 kg
Nutzmasse	650 kg
Bereifung	6.50-16

Technische Daten	ARO 240 / 240 D (Diesel)
Hersteller	Automobilwerk I.M.M. Câmpulung Muscel, SR Rumänien
Import	1978
Höchst-geschwindigkeit	110 km/h
Antriebsformel	4x4
Motor	4-Zylinder-Vergaser- oder Dieselmotor
Hubraum	2.495 / 2.660 cm³
Leistung	59 kW (80 PS) / bei 4.200 U/min 52 kW (70 PS) / bei 3.800 U/min
Drehmoment	165 Nm bei 2.500 U/min, 138 Nm bei 2.250 U/min
Abmessungen L/B/H	4.200/1.750/ 2.000 mm / 4.150/1.775/ 1.940 mm
Leermasse	1.580 kg/ 1.725 kg
Zulässige Gesamtmasse	2.250 kg/ 2.300 kg
Nutzmasse	670 kg/ 625 kg
Bereifung	6.50-16

Auf den ersten, flüchtigen Blick war der ARO M473 kaum von seinem sowjetischen Lizenzgeber GAZ-69 zu unterscheiden; Chemnitz 1991. *Unten:* Der ARO 240 mit seinem Allradantrieb kam in der DDR bevorzugt in Wald und Feld zum Einsatz, hier pausierte einer im Jahr 1995 in städtischer Umgebung in Dresden-Neustadt.

Der erste ARO wurde 1957 mit einer Lizenz-Karosse des russischen GAZ und einem verkleinerten, abgewandelten Ford-Motor gebaut. Der verbesserte ARO M461 kam 1961 auf den Markt (davon gingen 4.150 Stück in die DDR), wurde 1973 mit einem neuen, sparsameren Motor ausgerüstet und nun als ARO M473 bezeichnet. Das Fahrzeug war eine spezielle Entwicklung nur für die DDR – ein M461 mit alter Karosserie, aber dem neuen ARO-L25-Motor aus dem M240. Die DDR importierte davon fast 800 Stück. Mit gleichem Antrieb, aber neuer Karosserie wurde ab 1978 der ARO 240 gefertigt, davon 2.700 für die DDR – meist als zweitüriger Grundtyp mit Plane, nur wenige viertürige Varianten (ARO 244). Bis 1989 kaufte die DDR weitere 2.000 Stück.

Robuste und durstige Geländewagen für harte Einsatzbedingungen

GAZ-69 / UAZ-469

Technische Daten	GAZ-69
Hersteller	Uljanowsker Automobil-Fabrik (UAZ), UdSSR
Import	1961
Höchstgeschwindigkeit	95 km/h
Antriebsformel	4x4
Motor	Vierzylinder-Viertakt-Ottomotor
Hubraum	2.120 cm³
Leistung	41 kW (55 PS) bei 3.600 U/min
Drehmoment	127 Nm bei 2.000 U/min
Abmessungen L/B/H	3.850/1.850/ 2.030 mm
Leermasse	1.525 kg
Zulässige Gesamtmasse	2.175 kg
Nutzmasse	650 kg
Bereifung	6.50-16 Geländeprofil

Dieser zivile GAZ-69 stand 1991 bei einem Chemnitzer Autohändler. Dahinter steht der rumänische Lizenzbau dieses Modells, der ARO M473 (siehe gegenüber liegende Seite). *Unten:* Ein UAZ-469 der Gruppe der Sowjetischen Streitkräfte in Deutschland, fotografiert 1991 in Rostock. Auch die NVA verfügte über solche Geländewagen.

Technische Daten	UAZ-469
Hersteller	Uljanowsker Automobil-Fabrik (UAZ), UdSSR
Import	ab 1978
Höchstgeschwindigkeit	110 km/h
Antriebsformel	4x4
Motor	Vierzylinder-Viertakt-Ottomotor
Hubraum	2.445 cm³
Leistung	55 kW (75 PS) bei 4.000 U/min
Max. Drehmoment	170 Nm bei 2.000 U/min
Abmessungen L/B/H	4.040/1.780/2.010 mm
Leermasse	1.490 kg
Zulässige Gesamtmasse	2.290 kg
Nutzmasse	800 kg
Bereifung	8.40-15 Geländeprofil

1953 wurde von der Automobilfabrik Gorki (GAZ) der leichte, zweiachsige geländegängige Kübelwagen GAZ-69 mit Allradantrieb vorgestellt, der bis 1972 gebaut wurde. Im Jahr 1954 wurde die Produktion des GAZ-69 zur Uljanowsker Automobil-Fabrik (UAZ) verlagert, um in Gorki Kapazitäten für die Lkw-Produktion freizubekommen. Der GAZ-69 wurde nach dem Produktionsende 1972 vom UAZ-469 abgelöst, von dem insgesamt etwa 2.500 Stück in die DDR geliefert wurden, überwiegend an die NVA, die Kampfgruppen, die Volkspolizei und die Zivilverteidigung.

UAZ-452 (UAZ-3909 / UAZ-3743)

Der Transporter aus dem UAZ-Geländewagen-Baukasten

Um die permanenten Engpässe an Kleintransportern zu mildern, importierte die DDR zwischen 1969 und 1973 insgesamt 2.200 Fahrzeuge des UAZ-452 und dessen Vorgänger UAZ-451. Für den Vertrieb in die DDR erhielten diese Fahrzeuge die Bezeichnungen UAZ-3909 (Kleintransporter) und UAZ-3743 (Kleinbus). Die geringe Wirtschaftlichkeit der Fahrzeuge sowie deren konstruktive Eigenheiten spielten bei der Entscheidung für die Beschaffung der Fahrzeuge scheinbar nur eine untergeordnete Rolle – Hauptsache, die Engpässe bei den Fahrzeugen konnten so gemildert werden.

Oben: Ein UAZ-452 als Krankentransportwagen der Sowjetischen Streitkräfte in Deutschland. *Unten:* Wenn man den Aufschriften dieses UAZ-3743 glauben darf, gehörte der allradgetriebene Kleinbus dem „Motorsportclub 4x4“ des VEB Baustoffkombinat Karl-Marx-Stadt. Ob er wohl auch bei Off-Road-Veranstaltungen zum Einsatz kam oder nur Begleitfahrzeug war?

Technische Daten	UAZ-452
Hersteller	Automobilwerk UAZ Uljanowsk, UdSSR
Import	ab 1969
Höchstgeschwindigkeit	110 km/h
Antriebsformel	4x4
Motor	Vierzylinder-Viertakt-Ottomotor
Hubraum	2.120 cm³
Leistung	41 kW (55 PS) bei 3.600 U/min
Max. Drehmoment	127 Nm bei 2.000 U/min
Abmessungen L/B/H	4.440/2.100/ 2.101 mm
Leermasse	1.820 kg
Zulässige Gesamtmasse	2.820 kg
Nutzmasse	1.000 kg
Bereifung	215/90R15C, 225/75R16, 225/R16C

Der „Balkanesel“ aus Rumänien

TV-Kleintransporter

Dieser TF 14 F Kastenwagen gehörte der Deutschen Reichsbahn, RBD Magdeburg.

Die Bezugsmöglichkeiten des Barkas-Kleintransporters waren in der DDR wegen zu geringer Fertigungskapazitäten und hoher Exportverpflichtungen sehr eingeschränkt – lange Wartezeiten waren die Folge. Daher entschloss sich die DDR-Wirtschaftsführung 1968 zum Import der Kleintransporter vom Typ TV 41 aus Rumänien. Dadurch hatte mancher Handwerk- und Kleinbetrieb überhaupt erst die Möglichkeit, zu einem Kleintransporter zu kommen. Bis zum Jahr 1982 wurden 27.300 (davon 4.600 mit Dieselmotor) dieser Fahrzeuge importiert. Die Einfuhr begann mit dem Modell TV 41. Mit Dieselmotor ausgestattet entstand der Typ TV 14. Die eingesetzte Dieselmaschine basiert auf der rumänischen Lizenzfertigung von Fiat-Traktoren. Die Fahrzeuge haben Hinterachsantrieb und ein Schaltgetriebe (synchron; TV 41 teilsynchron) mit vier Gängen und einem Rückwärtsgang. Nach der politischen Wende verschwanden die Fahrzeuge sehr schnell aus dem Straßenbild.

Technische Daten	TV 12 F / TV 12 C	TV 14 F / TV 14 C
	– (F = Kasten; C = Pritsche) –	
Hersteller	– Autobuzul-Werke Bukarest, SR Rumänien –	
Import-Zeitraum	1976 bis 1978	1979 bis 1982
Höchstgeschwindigkeit	110 km/h	100 km/h
Motor	Vierzylinder-Vergasermotor	Vierzylinder-Dieselmotor Direkteinspritzung
Hubraum	2.495 cm³	3.120 cm³
Leistung	59 kW (80 PS) bei 4.200 U/min	52 kW (71 PS) bei 3.200 U/min
Max. Drehmoment	165 Nm bei 2.500 U/min	186 Nm bei 1.800 U/min
Abmessungen L/B/H	F: 4.700/1.930/2.100 mm C: 4.970/2.140/2.100 mm	4.700/2.000/2.100 mm 4.880/2.140/2.150 mm
Leermasse	1.870 kg / 1.775 kg	2.000 kg / 1.900 kg
Zulässige Gesamtmasse	3.120 kg / 3.025 kg	3.350 kg / 3.350 kg
Bereifung	7.50-16	7.50-16

Der TF 12 C Pritschenwagen eines privaten Handwerkbetriebs im Landkreis Bernburg. Die TV-Kleintransporter wurden in der DDR spöttisch „Balkanesel“ oder „Balkanziege“ genannt.

ZUK A 06 / A 07 / A 11 Kleintransporter

Der kantige polnische Barkas-Konkurrent

Dieser ZUK A 11 mit Holzpritsche, Spriegeln und Plane fuhr bis Anfang der 90er-Jahre in Bernburg als Gütertaxi. Da es in der DDR für Privatpersonen keine Möglichkeit gab Autos zu mieten, übernahmen die Gütertaxis den Transport von Möbeln und anderen sperrigen Gütern. Eine Branche, die mit dem Ende der DDR schlagartig verschwand.

Das Werk FSC im polnischen Lublin hatte nach dem Zweiten Weltkrieg sowjetische GAZ-51-Lkw montiert. 1958 begann die Serienfertigung von Kleintransportern. Die für den Polski-Fiat eingekauften Lizenzen fanden auch beim ZUK ihre Anwendung. Die ZUK-Transporter waren nicht gerade sparsam im Benzinverbrauch – trotzdem importierte die DDR bis 1980 reichlich 6.000 Stück, um den hohen Bedarf in dieser Fahrzeugkategorie wiederum ein Stück mehr zu befriedigen. Die hochbeinigen, kantigen und ungelenk wirkenden ZUK wurden in der DDR u.a. spöttisch „Zuck-zuck" genannt, was als Gegenteil von „Ruck-zuck" zu verstehen war.

Technische Daten	ZUK A 06 (Kasten)	ZUK A 07 (Kombi)	ZUK A 11 (Pritsche)
Hersteller		– Automobilwerk FSC Lublin, VR Polen –	
Import	ab 1976	ab 1976	ab 1976
Höchstgeschwindigkeit	95 km/h	95 km/h	95 km/h
Motor		– Vierzylinder-Viertakt-Ottomotor –	
Hubraum	2.120 cm³	2.120 cm³	2.120 cm³
Leistung		– 52 kW (70 PS) bei 4.000 U/min –	
Max. Drehmoment		– 147 Nm bei 2.500 U/min –	
Abmessungen L/B/H	4.400/1.875/2.180 mm	4.330/1.875/2.180 mm	4.400/1.875/2.330 mm
Leermasse	1.400 kg	1.550 kg	1.400 kg
Zulässige Gesamtmasse	2.425 kg	2.425 kg	2.425 kg
Nutzmasse	1.025 kg	875 kg	1.025 kg
Bereifung	6.50-16	6.50-16	6.50-16

GAZ-51/ GAZ-66

Technische Daten	GAZ-51
Hersteller	Automobilfabrik Gorki (GAZ), UdSSR
Import	ab 1954
Höchstgeschwindigkeit	70 km/h
Antriebsformel	4x2
Motor	Vierzylinder-Viertakt-Ottomotor
Hubraum	3.480 cm³
Leistung	52 kW (70 PS)
Max. Drehmoment	147 Nm bei 2.500 U/min
Abmessungen L/B/H	5.525/2.200/ 2.245 mm
Leermasse	3.280 kg
Zulässige Gesamtmasse	5.280 kg
Nutzmasse	2.000 kg
Bereifung	6.50-16

Die allradgetriebene Version des GAZ-51 ist der GAZ-63. Als leichter Lkw wurde er bei der NVA meist mit Spezialaufbauten wie Funkkoffern, als Tankwagen oder Zugmaschine für Granatwerfer eingesetzt. Hier ein museal erhaltener GAZ-63 mit Holzpritsche, im April 2003 in Chemnitz-Hilbersdorf. *Kleines Bild:* Die Mitteldeutsche Energieversorgung AG (MEAG) setzte 1991 diesen GAZ-66 mit Bohrgerät BM-302 ein, fotografiert in Köthen.

Bereits 1937 war in Gorki der Prototyp GAZ-M-51 vorgestellt worden, die Serienfertigung begann 1946 als GAZ-51. Die nach Vorbild des Chevrolet 7107 gefertigten Lastkraftwagen GAZ-51 gehörten zu den ersten von der Sowjetunion in die DDR gelieferten Fahrzeugen. Hier wurden sie von der NVA und der sowjetisch-deutschen Uranabbaugesellschaft „Wismut“ eingesetzt. Im Jahr 1964 folgten zwei weitere neue Modelle, der Dreitonner GAZ-53 und der geländegängige Zweitonner GAZ-66. Die NVA setzte den unverwüstlichen und robusten GAZ-66 ab 1970 ein, überwiegend mit Funkkoffer, als Vermessungsfahrzeug oder mit spezieller Nachrichtenausrüstung.

Technische Daten	GAZ-66
Hersteller	Automobilfabrik Gorki (GAZ), UdSSR
Import	ab 1970
Höchstgeschwindigkeit	90 km/h
Antriebsformel	4x4
Motor	Achtzylinder-Viertakt-Ottomotor
Hubraum	4.250 cm³
Leistung	85 kW (115 PS)
Max. Drehmoment	290 Nm bei 2.500 U/min
Abmessungen L/B/H	5.650/2.340/2.520 mm
Leermasse	3.640 kg
Zulässige Gesamtmasse	5.740 kg
Nutzmasse	2.100 kg
Bereifung	12.00-18

MAZ-500 / MAZ-5335

Der erste Ostblock-Lkw mit kippbarer Kabine

Fotografiert 1990 in Köthen: Ein MAZ-5335 Pritschenwagen, 8 Tonnen, ausgerüstet mit Spriegeln, Plane und Anhänger als Lastzug. Dieser Lkw gehörte der Lackfabrik Köthen. *Kleines Bild:* Dasselbe Fahrzeug, einige Monate später als Pritschenwagen am selben Ort.

Im Jahr 1947 begann im weißrussischen Minsk die Lkw-Produktion in einem neuen Werk, dessen Bau 1944 vom sowjetischen Verteidigungsrat beschlossen wurde. Nach einem Hauben-Lkw entstand ab 1965 die neu entwickelte MAZ-500-Baureihe mit kippbarer Frontlenker-Fahrerkabine, die es bisher im RGW-Bereich nicht gab. In die DDR gelangten die Pritschenvariante 5335, der Kipper 5549 und die Sattelzugmaschinen 504 und 504W (mit Achtzylindermotor). Letztere wurden beim, Ende der 60er-Jahre in der DDR groß aufgezogenen, umweltfreundlichen Containertransportsystem verwendet, um die Rest-Transportstrecke zwischen Container-Umschlagbahnhof und dem Transportkunden zu überbrücken. Anfang der 70er-Jahre erfuhr die Modellreihe 500 eine Überarbeitung und wurde fortan als MAZ-500A bezeichnet. Die Fahrzeuge verfügten nun über einen Sechszylinder-Dieselmotor, der 154 kW (210 PS) leistete, und waren für eine zulässige Gesamtmasse von bis zu 15,8 Tonnen ausgelegt, der MAZ-504A-Sattelschlepper sogar bis zu 28 Tonnen.

Technische Daten	MAZ-500 / MAZ-5335
Hersteller	Minsker Automobilfabrik (MAZ), UdSSR
Import	ab 1967
Motor	Sechszylinder-Viertakt-Dieselmotor
Höchstgeschwindigkeit	85 km/h
Hubraum	11.150 cm³
Leistung	132 kW (180 PS) bei 2.100 U/min
Max. Drehmoment	667 Nm bei 1.500 U/min
Abmessungen L/B/H	7.520/2.600/2.700 mm
Leermasse	6.800 kg
Zulässige Gesamtmasse	14.800 kg
Nutzmasse	8.000 kg
Bereifung	12.00-20

Der geländegängige Dreiachser für das Militär

ZIL-131 / Ural-375 D

Technische Daten	ZIL-131	Ural-375 D
Hersteller	Lichatschow-Werk (ZIL) Moskau, UdSSR	UralAZ - Ural Automobilwerk Miass, UdSSR
Import	ab 1972	ab 1969
Höchstgeschwindigkeit	80 km/h	75 km/h, später 85 km/h
Antriebsformel	6x6	6x6
Motor	Achtzylinder-Viertakt-Ottomotor	Achtzylinder-Viertakt-Ottomotor
Hubraum	6.900 cm³	10.850 cm³
Leistung	112 kW (150 PS)	132 kW (180 PS) später 156 kW (210 PS)
Max. Drehmoment	667 Nm bei 1.500-1.800 U/min	667 Nm bei 1.500-1.800 U/min
Abmessungen L/B/H	7.040/2.500/2.975 mm	7.036/2.500/2.900 mm
Leermasse	6.700 kg	9.000 kg
Zulässige Gesamtmasse	14.000 kg	13.200 kg
Nutzmasse	5.000 kg	5.000 kg
Bereifung	14.00-20	14.00-20

Der ZIL-131 war die Ablösung des Vorgängers ZIL-164. Es gab ihn als ZIL-130 (Zweiachser), ZIL-133 (Dreiachser) und ZIL-131 (Dreiachser allradgetrieben). Letztere wurden für die Volksarmee beschafft und waren mit verschiedenen militärischen Spezialaufbauten im Einsatz, ebenso wie die Ural-375 D. Der Ural entstand aus einem militärischen Entwicklungsprojekt der 50er-Jahre bei dem ein Lkw mit höchster Geländegängigkeit gefordert wurde. 1956 ging der Prototyp NAMI 20 in die erfolgreiche Erprobung, danach folgte die Aufnahme der Serienproduktion ab 1960. Mit seinen drei permanent angetriebenen Achsen, einer Bereifung mit Ackerschlepperprofil, einem sperr- und untersetzbaren Verteilergetriebe und dem während der Fahrt über die zentrale Reifendruckregelung veränderbaren Reifendruck erreichte der Ural seine hohe Geländegängigkeit. Legendär war der enorme Kraftstoffverbrauch: „1:1" – das heißt, ein Liter pro Kilometer. Zum Beispiel verbrauchte der Ural-375 D bei Straßenfahrt mit konstant 60 km/h 45 Liter auf 100 km, im Gelände locker das Doppelte. Beim Militär spielte das aber nicht die entscheidende Rolle. Übrigens waren die Ural-375 D der NVA auf eine Höchstleistung von 128 kW (175 PS) gedrosselt.

Oben: Im DDR-Braunkohlebergbau wurden ZIL-131 mit Bohrgerät eingesetzt. Im April 1996 stehen zwei solche Fahrzeuge in Welzow. *Unten:* Ein ehemaliger NVA-Ural-375 D mit LAK II-Koffer war im Juli 1999 auf dem Gelände des Flughafens Fürstenwalde abgestellt.

Škoda 706 RT / 706 MT

Solide Fahrzeuge aus dem Nachbarland

Lastwagen von Škoda bestimmten das Straßenbild der DDR lange Zeit entscheidend mit. 197 Hauben - Lkw 706 R wurden bis 1956 in die DDR importiert. Die neuen Frontlenker-Lkw Škoda 706 RT folgten ab 1957 auf die Hauben-Lkw. Mit ihnen erfolgte bei Škoda der Übergang vom Vorkammer-Dieselmotor zum Direkteinspritzer. Der 706 MT (ab 1969) hatte einen stärkeren Motor und Außenplaneten-Achsen. Als Varianten sind Pritschenwagen, Kipper, Sprengwagen, Müllwagen, Zugmaschinen und Sattelzugmaschinen zu nennen. Die Škoda 706 RT/706 MT und später auch die bei LIAZ gefertigten Modelle wurden von den Kraftfahrern als grundsolide Fahrzeuge geschätzt.

Oben: Eine Škoda/LIAZ 706 MTTN Sattelzugmaschine unterwegs mit Pritschenauflieger.
Unten: Dieser Škoda/LIAZ 706 MT AKV Sprengwagen stand im Juli 2007 noch im Steinbruch in Berbersdorf (Sachsen).

Škoda 706 RT / 706 MT

Technische Daten	Škoda 706 RTK-1 (Müllwagen)	Škoda 706 MT 4 (Pritschenwagen)
Hersteller	– Škoda-Werke Pilsen, ČSSR –	
Import	ab 1957	ab 1969
Höchstgeschwindigkeit	70 km/h	80 km/h
Motor	– Sechszylinder-Viertakt-Dieselmotor –	
Hubraum	11.781 cm³	11.940 cm³
Leistung	118 kW (160 PS) bei 1.900 U/min	147 kW (200 PS) bei 2.000 U/min
Max. Drehmoment	690 Nm bei 1.200 U/min	752 Nm bei 1.400 U/min
Abmessungen L/B/H	8.000/2.500/3.200 mm	7.600/2500/2.600 mm
Leermasse	9.100 kg	6.750 kg
Zulässige Gesamtmasse	16.100 kg	16.000 kg
Nutzmasse	7.000 kg	9.250 kg
Bereifung	11.00-20	11.00-20

Die Kraftverkehrsgesellschaft Köthen mbH hatte 1991 diesen Škoda/LIAZ 706 als Berge- und Abschleppfahrzeug im Einsatz.

LIAZ 100 / 110 / 150

Škoda-Lkw unter neuem Markennamen

In der Tschechoslowakei waren durch eine lange Tradition wertvolle Erfahrungen zum Bau insbesondere von schweren Lastkraftwagen vorhanden. Die 1894 gegründete Firma Laurin & Klement in Mladá Boleslav baute 1901 das erste Nutzfahrzeug Nordböhmens und brachte es auf den Markt. 1925 fusionierte Laurin & Klement mit den Škoda-Werken Pilsen. Nach 1945 wurde der Betrieb wieder aus dem Škoda-Konzern – allerdings unter Beibehaltung des Markennamens Škoda – ausgegliedert. 1953 wurde die Firma Liberecké Automobilové Závody (LIAZ) ➛

Ein LIAZ 150.261 Dreiseitenkipper des VEB Kraftverkehr Köthen. Der dortige große Kraftverkehrsbetrieb war sehr gut mit diversen LIAZ-Fahrzeugen bestückt, wie auch die nächsten beiden Seiten zeigen werden.

Technische Daten	LIAZ 100 LKW	LIAZ 110 Sattelzugmaschine	LIAZ 150 Dreiseitenkipper
Hersteller		– Liberecer Automobilwerk (LIAZ), ČSSR –	
Import	ab 1977	ab 1985	ab 1988
Höchst-geschwindigkeit	100 km/h	100 km/h	87 km/h
Antriebsformel	4x2	4x2	4x2
Motor		– Sechszylinder-Viertakt-Dieselmotor –	
Hubraum	11.940 cm³	11.940 cm³	11.940 cm³
Leistung	224 kW (305 PS) bei 2.000 U/min	235 kW (320 PS) bei 2.000 U/min	212 kW (288 PS) bei 2.000 U/min
Max. Drehmoment	1.128 Nm bei 1.400 U/min	1.290 Nm bei 1.250 U/min	1.170 Nm 1.300 U/min
Abmessungen L/B/H	8.460/2.500/3.620 mm	6.195/2.500/2.810 mm	6.335/2.500/2.825 mm
Leermasse	8.000 kg	7.050 kg	7.070 kg
Zulässige Gesamtmasse	16.250 kg	16.000 kg	17.000 kg
Nutzmasse	8.250 kg	8.950 kg (Sattellast)	9.300 kg
Bereifung	11.00-20	11.00-20	11.00-20

Linke Seite oben: Dieser LIAZ 110.053 mit Speditionskoffer wartete im Winter 1991 in Köthen auf seinen nächsten Einsatz.
Linke Seite unten: LIAZ 110.551 Sattelzugmaschine mit dreiachsigem Kippmulden-Auflieger einer Baufirma in Könnern.

Škoda-Lkw unter neuem Markennamen

in Liberec mit Fabriken in Rýnovice, Jablonec nad Nisou und Mnichovo Hradišt als eigenständiges Unternehmen gegründet, die Markenbezeichnung LIAZ von 1984 bis 1995 für Lkw benutzt. Die ersten Prototypen der Lkw-Serie LIAZ 110 entstanden 1974, 1975 lief die Serienfertigung der Modelle S100.45 (Sattelzugmaschine) und S100.05 (Pritschenwagen) an. Die modernen LIAZ-Lkw wurden mit einer großen Anzahl von Sonderaufbauten gefertigt und in der DDR vielfältig eingesetzt, z.B. auf Großbaustellen und im internationalen Verkehr beim VEB Deutrans Internationale Spedition.

LIAZ N3 114.471 Sattelzugmaschine mit zweiachsigem Auflieger, der in diesem Fall zum Transport von großen Kabelrollen genutzt wurde.

Linke Seite oben: Solo-Sattelzugmaschine LIAZ 110.551 in Köthen.

Linke Seite unten: Dieser LIAZ 110.031 ist mit einer Hochbord-Stahlpritsche und Ladekran ausgerüstet.

Rechts: Und zum Abschluss noch ein LIAZ des VEB Kraftverkehr Köthen. Diese LIAZ 110.551 Sattelzugmaschine hat einen zweiachsigen Pritschen-Anhänger auf dem Sattel, der mit Spriegeln und Plane ausgerüstet werden kann.

Jelcz 316 / 317 / 417

Moderne Lastkraftwagen aus Polen

Ab 1952 wurden im polnischen JZS-Werk in Jelcz, einem ehemaligen Rüstungsbetrieb, Kfz-Reparaturen ausgeführt und Baugruppen für Lastkraftwagen gefertigt. 1961 begann zunächst der Serienbau von Dieselmotoren. Der Motor SW 680 – eine Leyland-Lizenz aus Großbritannien – diente als Basisantrieb für die Jelcz-Modelle 315 / 316 / 317, ab 1972 auch in einer aufgeladenen Variante. Von den Jelcz 315 / 316 / 317 wurden bis 1985 5.500 Exemplare in die DDR importiert, die Sattelzugmaschine 317 D war dabei am stärksten vertreten. Die 400er- und 600er-Typen (ab 1973) entstanden in Kooperation mit der österreichischen Steyr-Daimler-Puch AG. Sie hatten bereits kippbare Kabinen und wurden zwischen 1986 und 1989 in 500 Exemplaren (Sattelzugmaschinen) in die DDR importiert.

Jelcz 317 D Sattelzugmaschine mit zweiachsigem Kipper-Auflieger mit Hochbord-Aufsatz. Das Ladegut des in Köthen fotografierten Lkw waren einige Tonnen Braunkohle-Briketts. *Unten:* Eine Jelcz 317 D Sattelzugmaschine mit langem zweiachsigen Möbelkoffer-Auflieger liefert im Januar 1991 in Nienburg/Saale „Möbel aus Quedlinburg“ an ein Möbelhaus aus.

Technische Daten	Jelcz 316 LKW	Jelcz 317 Sattelzugmaschine	Jelcz 417 Sattelzugmaschine
Hersteller	– Automobilwerk JZS Jelcz Mielec, VR Polen –		
Import	ab 1973	ab 1973	ab 1986
Höchst- geschwindigkeit	90 km/h	90 km/h	95 km/h
Antriebsformel	6x2	4x2	4x2
Motor	– Sechszylinder-Viertakt-Dieselmotor –		
Hubraum	11.100 cm³	11.100 cm³	11.100 cm³
Leistung	149 kW (202 PS) bei 2.200 U/min	179 kW (243 PS) bei 2.200 U/min	179 kW (243 PS) bei 2.200 U/min
Max. Drehmoment	746 Nm bei 1.200 U/min	886 Nm bei 1.400 U/min	886 Nm bei 1.400 U/min
Abmessungen L/B/H	8.770/2.500/3.600 mm	5.600/2.500/2.660 mm	5.615/2.500/3.120 mm
Leermasse	8.700 kg	6.300 kg	6.850 kg
Zulässige Gesamtmasse	19.900 kg	15.650 kg	15.850 g
Nutzmasse	11.200 kg	9.250 kg (Sattellast)	9.000 kg (Sattellast)
Bereifung	11.00-20	11.00-20	11.00-20

Dieselbe Örtlichkeit wie auf dem Foto links oben, nur eine Parkposition weiter vorn: Hier steht auch eine Jelcz-Sattelzugmaschine mit Kipper-Auflieger, allerdings ohne den Hochbord-Aufsatz. Bei diesem Fahrzeug handelt es sich um die modernere Version Jelcz 417 D. Mit diesen flachen Aufliegern wurden in der DDR überwiegend schwere Schüttgüter transportiert.

Roman 19.215 DFK / 10.215 FS/L / 19.215 DFS / 19.256 DFS

Der MAN-Lizenz-Lkw aus Rumänien

Nach dem Zweiten Weltkrieg wurden auf dem Gelände der ROMLOC-Automobilfabrik in Braşov die Steagul Rosu-Werke („Rote Fahne“) gegründet, die 1954 ihre ersten Lkw auslieferten, einen Nachbau des sowjetischen ZIS-150. Im Jahr 1969 schloss das Automobilwerk I.A.Bv. Braşov einen Lizenzvertrag mit MAN und begann mit dem Bau von schweren und mittelschweren Lkw in einem relativ breiten Typenspektrum. Der Name der Lizenz-Lkw, „Roman“, ist dabei ein sehr schönes Wortspiel aus den beiden Begriffen MAN und ROMANIA – eben ein rumänischer MAN! Die DDR kaufte zwischen 1977 und 1989 über 2.800 Roman in den Varianten Sattelzugmaschine, Kühl-Sattelzug, Kipper und Beton-Fahrmischer. Bis 1987 waren die Fahrzeuge mit 158-kW-Motoren (215 PS), danach mit 188-kW-Motoren (265 PS) nach MAN-Lizenz ausgestattet.

Roman 10.215 FS Sattelzugmaschine mit Betonmischer-Auflieger in Baalberge. Der Besitzer des Lkw hat aus seinem Roman mithilfe schwarzer Farbe kurzerhand einen MAN gemacht. *Unten:* Im mecklenburgischen Burg-Stargard kam 1994 bei Straßenbauarbeiten noch dieser Roman 19.215 DFK Muldenkipper zum Einsatz.

Technische Daten	Roman 19.215 DFK Kipper, 3 Achsen	Roman 10.215 FS/L Sattelzugmaschine	Roman 19.215 DFS / 19.256 DFS Sattelzugmaschine, 3 Achsen
Hersteller		– Automobilwerk I.A.Bv. Braşov, SR Rumänien –	
Import	ab 1977	ab 1978	ab 1979 / 1987
Höchst-geschwindigkeit	80 km/h	89 km/h	89 / 91 km/h
Antriebsformel	6x4	4x2	6x4
Motor		– Sechszylinder-Viertakt-Dieselmotor –	
Hubraum	10.340 cm³	10.340 cm³	10.340 cm³
Leistung	158 kW (215 PS) bei 2.200 U/min	158 kW (215 PS) bei 2.200 U/min	158 / 188 kW (215 / 256 PS) bei 2.200 U/min
Max. Drehmoment	747 Nm bei 1.400 U/min	747 Nm bei 1.400 U/min	747 / 900 Nm bei 1.400 U/min
Abmessungen L/B/H	7.345/2.500/3.250 mm	5.900/2.500/2.920 mm	6.455/2.500/2.920 mm / 6.530/2.500/3.110 mm
Leermasse	10.000 kg	6.500 kg	7.860 / 8.650 kg
Zulässige Gesamtmasse	26.000 kg	38.000 kg (Sattelzug)	38.000 kg (Sattelzug)
Nutzmasse	16.000 kg	9.500 kg (Sattellast)	13.800 / 13.300 kg (Sattellast)
Bereifung	11.00-20	11.00-20	11.00-20

Kipper Roman 19.215 DFK der Zementwerke Bernburg. Diese orangen Kipper waren überall in der DDR anzutreffen.

KamAZ 5320/53212 / 5410/54112 / 5511

Moderne Dreiachser-Lkw aus der tatarischen Steppe

Aus dem ehemaligen VEB Kraftverkehr Karl-Marx-Stadt war nach der politischen Wende die Kraftverkehrs AG Chemnitz geworden. Bewährte und noch relativ moderne Ostblock-Fahrzeuge blieben zunächst noch im Einsatz, so wie diese KamAZ 54112 Sattelzugmaschine. Aber relativ schnell verdrängten moderne, sparsame Fahrzeuge aus dem Westen die altbewährten Modelle.

Ende des Jahres 1969 begann in der UdSSR, in Nabereschnyje Tschelny in der Nähe des Kama-Staudamms, der Bau eines der größten Nutzfahrzeugwerke der Welt – konzipiert für einen Jahresausstoß von 150.000 Lastkraftwagen und 250.000 Dieselmotoren. Während die Fahrzeuge weitgehend auf Eigenentwicklungen basierten (die so den spezifischen Einsatzbedingungen des riesigen Landes am besten anzupassen waren), wurden die Werkausrüstungen größtenteils aus dem nichtsozialistischen Wirtschaftsgebiet eingekauft. Im Februar 1976 verließ der erste KamAZ-Acht-Tonnen-Lkw das neue Werk. Zunächst wurden Pritschenwagen und Sattelzugmaschinen gefertigt. Ab 1979 kamen Kipper dazu, bereits als Zehntonner, denen Sattelzugmaschinen und ➛

Technische Daten	KamAZ 5320/53212 Lkw	KamAZ 5410/54112 Sattelzugmaschine	KamAZ 5511 Kipper
Hersteller	– Automobilwerk KamAZ Nabereschnyje Tschelny, UdSSR –		
Import	ab 1978/1982	ab 1978/1983	ab 1979
Höchstgeschwindigkeit	80 km/h	95 km/h	90 km/h
Antriebsformel	6x4	6x4	6x4
Motor	– Achtzylinder-Viertakt-Dieselmotor –		
Hubraum	10.850 cm³	10.850 cm³	10.850 cm³
Leistung	161 kW (219 PS) bei 2.600 U/min	161 kW (219 PS) bei 2.600 U/min	161 kW (219 PS) bei 2.600 U/min
Max. Drehmoment	638 Nm bei 1.700 U/min	638 Nm bei 1.700 U/min	638 Nm 1.700 U/min
Abmessungen L/B/H	7.395/2.500/3.650 mm/ 8.530/2.500/3.650 mm	6.150/2.500/2.850 mm/ 6.200/2.500/2.850 mm	7.140/2.500/2.700 mm
Leermasse	7.080/8.200 kg	6.850/7.050 kg	9.000 kg
Zulässige Gesamtmasse	15.080/18.200 kg	15.175/19.000 kg	22.000 kg
Nutzmasse	8.000/10.000 kg	8.100/11.350 kg (Sattellast)	13.000 kg
Bereifung	9.00-20	9.00-20	9.00-20

KamAZ 5320/53212 / 5410/54112 / 5511

Auch KamAZ-Lkw waren im Fuhrpark des VEB Kraftverkehr Köthen vertreten – zum Beispiel dieser KamAZ 53212 Pritschenwagen mit Anbaukran. *Unten:* Nur einige Parkpositionen weiter steht diese KamAZ 54112 Sattelzugmaschine mit zweiachsigem Pritschen-Auflieger.

Pritschenfahrzeuge ebenfalls als Zehntonner folgten. Die DDR importierte von 1978 bis 1989 insgesamt 3.650 KamAZ-Lkw für zivile Einsatzbereiche, aber auch die NVA verfügte über KamAZ 5511-Kipper.

KrAZ-256 / -258 / -258 Z

Der schwere Lkw für zivile und militärische Nutzung

Das 1958 in Krementschuk eröffnete Werk KrAZ übernahm zunächst die Lkw-Produktion aus Jaroslawl (JaAS). Die Produktion begann 1958 mit dem Modell KrAZ-214 mit Zweitakt-Dieselmotor, ab 1961 wurden Viertakt-Dieselmotoren eingebaut. Diese waren günstiger im Verbrauch. 1969 wurde die Produktion auf das Modell KrAZ-255 umgestellt, ab 1982 wurde der KrAZ-260 gebaut. KrAZ-Lkw wurden im gesamten Ostblock eingesetzt, bis 1984 verließen 500.000 KrAZ-Lkw die Produktionshallen in Krementschuk. Die schweren KrAZ-Lkw waren in der DDR sowohl bei der NVA (ausschließlich Zweitakter) als auch im zivilen Einsatz anzutreffen. Die DDR importierte ab 1967 3.940 Muldenkipper und 1.700 Sattelzugmaschinen. ➝

Die wuchtigen KrAZ-256 Muldenkipper waren auf allen Großbaustellen der DDR anzutreffen. Dieser gut erhaltene Kipper steht im Mai 1991 auf dem Hof einer Baufirma in Alsleben/Saale.
Unten: Diese Gespanne aus der Schwerlastzugmaschine KrAZ-258 Z und polnischen Tieflade-Anhängern transportierten Großplatten von den Betonwerken in die im Bau befindlichen Neubaugebiete der DDR.

Dieser KrAZ-258 mit Spezialaufbau, Mobildrehkran der NVA, wurde 1971 in Bärenstein im Erzgebirge fotografiert.

Technische Daten	KrAZ-256 Kipper	KrAZ-258 Sattelzugmaschine	KrAZ-258 Z Zugmaschine
Hersteller		– Krementschuker Automobilfabrik KrAZ, UdSSR –	
Import	ab 1967	ab 1968	ab 1969
Höchstgeschwindigkeit	70 km/h	68 km/h	60 km/h
Antriebsformel	6x4	6x4	6x4
Motor		– Achtzylinder-Viertakt-Dieselmotor –	
Hubraum	14.860 cm³	14.860 cm³	14.860 cm³
Leistung	176 kW (240 PS) bei 2.100 U/min	176 kW (240 PS) bei 2.100 U/min	176 kW (240 PS) bei 2.100 U/min
Max. Drehmoment	883 Nm bei 1.500 U/min	883 Nm bei 1.500 U/min	883 Nm bei 1.500 U/min
Abmessungen L/B/H	8.100/2.640/2.830 mm	7.375/2.650/2.670 mm	7.375/2.650/2.670 mm
Leermasse	10.850 kg	9.680 kg	12.400 kg
Zulässige Gesamtmasse	22.850 kg	21.680 kg	21.700 kg
Nutzmasse	12.000 kg	12.000 kg (Sattellast)	10.000 kg (Anhängelast)
Bereifung	12.00-20	12.00-20	12.00-20a

Die Zugmaschinen 258 Z wurden aus einem Teil der importierten Sattelzugmaschinen umgebaut. Die KrAZ-258 Z bekamen ihr Haupteinsatzgebiet, als das ehrgeizige Wohnungsbauprogramm der DDR begann: In Kombination mit polnischen Tieflade-Anhängern transportierten die schweren Zugmaschinen die Großplatten von den Plattenwerken oder Umschlagbahnhöfen zu den großen Neubaugebieten.

Tatra 141

Die Schwerlast-Zugmaschine der 60er-Jahre

Die Geschichte des Tatra-Werks geht bis auf das Jahr 1850 zurück. Nach der Produktion von Kutschen verließ im Jahr 1898 der erste Lastkraftwagen die Werkhallen. Der Markenname „Tatra“ wurde ab dem Jahr 1919 verwendet. Für die Tatra-Lkw charakteristisch: luftgekühlte V-Motoren, Stirnrad-Differenzialgetriebe, ein zentraler Rohrrahmen und Allradantrieb. Die eingebauten Pendelachsen verschafften den Fahrzeugen eine gute Geländegängigkeit. Die allradgetriebene Schwerlastzugmaschine Tatra 141, welche auf dem Modell Tatra 111 mit V12-Dieselmotor aus dem Jahr 1942 basierte, wurde in der DDR zum Transport von Betonplatten, Eisenbahnwagen (auf dem Anhänger-System Culemeyer, „Das rollende Anschlussgleis“) sowie für militärische Zwecke verwendet.

Dieses Gespann, Tatra 141 Schwerlast-Zugmaschine mit Culemeyer-Anhänger und aufgerolltem Güterwagen, gehörte viele Jahre lang zum täglichen Straßenbild in Karl-Marx-Stadt. Damit wurden Betriebe angefahren, die über keinen eigenen Gleisanschluss verfügten. Heute stehen diese beeindruckenden Fahrzeuge im Sächsischen Eisenbahnmuseum Chemnitz-Hilbersdorf. *Unten:* Auch die Rbd Magdeburg setzte Tatra 141 für Schwertransporte ein. Dieser blieb in Aschersleben museal erhalten.

Technische Daten	Tatra 141
Hersteller	Automobilwerk Tatra Bánovce nad Bebravou, ČSSR
Import	ab 1960
Höchstgeschwindigkeit	38 km/h
Antriebsformel	6x6
Motor	Zwölfzylinder-Viertakt-Dieselmotor
Hubraum	14.825 cm³
Leistung	136 kW (185 PS) bei 2.000 U/min
Max. Drehmoment	726 Nm bei 1.200 U/min
Abmessungen L/B/H	7.450/2.580/2.600 mm
Leermasse	12.140 kg, dazu 5.500 kg Ballast
Zulässige Gesamtmasse	18.240 kg
Anhängemasse	100.000 kg
Bereifung	11.00-20

Der schwere Tatra-Rundhauber-Lkw

Tatra 148

Oben: Dieser Tatra 148 der Bernburger Baufirma Lillge-Bau hatte als Sonderaufbau einen Transportbehälter für Frischbeton. Mit diesem wurden Betonpumpen beschickt. *Unten:* Ein in zivile Nutzung übergegangener Tatra 148 der NVA mit Mobilkran-Aufbau parkte 1991 in Ilberstedt.

Das RGW fasste im Jahr 1971 einen Beschluss zur weiteren Spezialisierung des Tatra-Werks auf die Fertigung schwerer, geländegängiger Lastkraftwagen ab 12 Tonnen Nutzlast. Im Folgejahr wurde das Werk ausgebaut und rekonstruiert. Bis 1989 hat die DDR insgesamt über 2.900 Tatra-Lkw für den zivilen Bedarf importiert. Dazu kommen noch die militärisch eingesetzten, über die keine verlässlichen Zahlenangaben vorliegen. Der Hauben-Lkw Tatra 148 – noch heute der am häufigsten anzutreffende Haubenlaster in Tschechien – war in der DDR oft als Kipper auf Großbaustellen eingesetzt. Außerdem gab ➛

Technische Daten	Tatra 148
Hersteller	Automobilwerk Tatra Kopřivnice, ČSSR
Import	ab 1972
Höchstgeschwindigkeit	75 km/h
Antriebsformel	6x6
Motor	Achtzylinder-Viertakt-Dieselmotor
Hubraum	12.700 cm³
Leistung	156 kW (212 PS) bei 2.000 U/min
Max. Drehmoment	726 Nm bei 1.200 U/min
Abmessungen L/B/H	7.275/2.500/ 2.610 mm
Leermasse	11.200 kg
Zulässige Gesamtmasse	25.100 kg
Nutzmasse	13.900 kg
Bereifung	11.00-20

Der schwere *Tatra*-Rundhauber-Lkw

Für die großen Waldgebiete in Mecklenburg und Brandenburg wurden vor Ort bevorzugt größere Tanklöschfahrzeuge eingesetzt. Auch im Jahr 1994 verrichtete bei der Freiwilligen Feuerwehr Torgelow noch dieses TLF 32 auf Basis eines Tatra 148 seinen Dienst. *Unten:* Tatra 148 einer Wasserbau-Firma mit Werkstatt-Container in Aschersleben.

es Varianten mit Spezialaufbauten, wie z.B. Tanklöschfahrzeuge. Wenn die luftgekühlten Tatra 148 mit ihrem charakteristischen Motorheulen auf den Straßen der DDR unterwegs waren, hatte man als Laie immer den Eindruck, dass der Motor mit der Fortbewegung dieses schweren Autos vollkommen überfordert sei.

Der schwere geländegängige Tatra-Frontlenker

Tatra 813

Technische Daten	Tatra 813
Hersteller	Automobilwerk Tatra Kopřivnice, ČSSR
Import	ab 1971
Höchst-geschwindigkeit	70 km/h
Antriebsformel	6x6
Motor	Zwölfzylinder-Viertakt-Dieselmotor
Hubraum	17.640 cm³
Leistung	199 kW (270 PS) bei 2.000 U/min
Max. Drehmoment	990 Nm bei 1.300 U/min
Abmessungen L/B/H	7.760/2.500/2.780 mm
Leermasse	11.930 kg, dazu 8.000 kg Ballast
Zulässige Gesamtmasse	22.000 kg
Anhängemasse	100.000 kg
Bereifung	18.0-22.5

Mitte der 60er-Jahre wurde der schwere Frontlenker Tatra 813 entwickelt und 1967 vorgestellt. Er wurde der Nachfolger des Modells 141 und von 1968 bis 1982 in militärischen und zivilen Versionen gebaut. Er gilt bis heute u.a. dank seiner Einzelradaufhängung mit extremen Federwegen als einer der geländegängigsten Lkw überhaupt. In die DDR wurden die Tatra 813 von 1971 bis 1982 importiert und kamen im zivilen Sektor als Schwerlastzugmaschinen zum Einsatz. Er ersetzte das in die Jahre gekommene Modell Tatra 148. Beide Modelle, der Tatra 148 und sein Nachfolger Tatra 813 waren bis zum Ende der DDR noch auf den Straßen anzutreffen.

Oben: Die luftgekühlten Schwerlastzugmaschinen Tatra 813 waren beeindruckende und Respekt heischende Fahrzeuge, wenn sie einem auf den Straßen der DDR begegneten. *Unten:* Dieser Tatra 813 des VEB Kraftverkehr Eisleben wird in Aschersleben museal erhalten.

Tatra 815

Der moderne Tatra-Frontlenker

Im Jahr 1981 begann die Fertigung einer Nullserie des neuen Tatra 815. Bis 1983 waren bereits 12.000 Fahrzeuge dieses ebenfalls luftgekühlten Typs gefertigt, welche die bisherigen Modelle 148 und 318 ablösten. Der Tatra 815 wurde in großen Stückzahlen in verschiedenen Ausführungen produziert, von denen auch zahlreiche Exemplare in die DDR importiert wurden. Vor allem der Dreiseitenkipper war in großen Stückzahlen vertreten, aber auch das Pritschenfahrzeug, die Sattelzugmaschine und verschiedene Spezialfahrzeuge.

Oben: Bei Langenwolmsdorf in Sachsen pausieren 1994 diese beiden Tatra 815 S3-Dreiseitenkipper. Das rechte, modernere Fahrzeug ist bereits in einigen Details (Schriftzug, Handgriffe) überarbeitet. *Unten:* Tatra 815 als Betonmisch-Fahrzeug mit 7 Kubikmetern Fassungsvermögen.

Technische Daten	Tatra 815
Hersteller	Automobilwerk Tatra Kopřivnice, ČSSR
Import	ab 1983
Höchstgeschwindigkeit	88 km/h
Antriebsformel	6x6
Motor	Zehnzylinder-Viertakt-Dieselmotor
Hubraum	15.825 cm³
Leistung	208 kW (280 PS) bei 2.200 U/min
Max. Drehmoment	1.010 Nm bei 1.400 U/min
Abmessungen L/B/H	7.000/2.500/3.150 mm
Leermasse	11.700 kg
Zulässige Gesamtmasse	26.700 kg
Nutzmasse	15.000 kg
Bereifung	11.00-20

Ein Tatra 815 mit Sonderaufbau Hyco-Mobilkran HY 90. *Unten:* Die Flughafenfeuerwehr Magdeburg hatte Mitte der 90er-Jahre dieses Universallöschfahrzeug Tatra 815-2 im Einsatz.

Busse

Keine der bisher in diesem Buch vorgestellten Fahrzeugkategorien ist so von einem Hersteller dominiert und mit so wenigen Fahrzeugtypen bestückt wie die Rubrik Busse. Der ungarische Hersteller Ikarus dominierte – dank RGW-Monopolstellung – mit seinen Fahrzeugen das DDR-Straßenbild fast 30 Jahre lang nachhaltig. Es gab in der DDR durchaus hoffnungsvolle Ansätze für einen eigenen Omnibusbau, auf Dauer fehlte es aber an den nötigen Ressourcen und vor allem an der Unterstützung durch die staatlichen Behörden. Im VEB LOWA Waggonbau Werdau wurde 1951 ein erstes Funktionsmuster LOWA W 500 vorgestellt, dem eine bescheidene Serienproduktion mit 68 Exemplaren folgte. Es mangelte bei dieser ersten echten Bus-Neukonstruktion nach dem Krieg vor allem an passenden Motoren – er wurde

mit 12-Zylinder-Maybach-Panzermotoren aus ehemaligen Wehrmachtsbeständen bestückt! Die DDR-Wirtschaft war auch in späteren Jahren nicht in der Lage, die nötigen Ressourcen für eine leistungsfähige Bus-Großserienfertigung zur Verfügung zu stellen – man hatte genug damit zu tun, den Lkw-Bau in größerem Umfang ins Laufen zu bekommen. Deshalb entschloss sich die DDR-Führung bereits in den 50er-Jahren, den Bedarf an schweren Omnibussen durch Importe zu decken. Als diese Einfuhren nur sehr stockend in Gang kamen, der Bedarf an Autobussen aber immer größer wurde, kam es zur überhasteten Entscheidung, den DDR-Omnibusbau doch noch bis zum Jahr 1960 fortzuführen. Die IFA H 6-Busreihe verdankt dieser Entscheidung ihren Serienbau bis 1959. Danach war definitiv Schluss – der RGW verbot der DDR den Bau schwerer Omnibusse. Dafür war nun die Volksrepublik Ungarn zuständig!

Neben vielen kleinen DDR-Karosseriebauern, die einzelne Busse auf diversen Alt-Fahrgestellen aufbauten, ragt ein Hersteller heraus: die Firma Fritz Fleischer Karosserie- und Fahrzeugfabrik in Gera. Hier entstanden in Manufakturarbeit 30 Jahre lang moderne und solide Omnibuskarosserien, zunächst für angelieferte Altfahrgestelle. Da diese Ressource immer knapper wurde, konstruierte die Firma Fleischer 1959 den ersten „Fleischer S 1“ – einen Bus mit selbsttragender Ganzstahl-Karosserie. Da Fleischer nicht mit den RGW-Restriktionen – die der DDR einen eigenen Autobusbau untersagten – in Konflikt kommen durfte, ging ein Serienbau seiner Busse nur über den Weg des sogenannten „Reparatur-Umbaus“. Die Kunden, die von Fleischer neue Busse kaufen wollten, mussten Fahrzeugpapiere von Schrottfahrzeugen und Alt- oder Ersatzteile anliefern, um daraus einen neuen selbsttragenden Fleischer S 1, S 2, S 3 oder S 4 zu erhalten. Für Fleischers Kunden, überwiegend private Omnibusbetriebe, die kaum eine Chance hatten, offiziell Import-Busse zu erwerben, entstanden so auf abenteuerliche Weise moderne Busse mit hohem Reise- und Sitzkomfort, die teilweise der westlichen Konkurrenz auf Augenhöhe begegnen konnten.

Dem DDR-Bürger war es letztendlich ziemlich egal, woher die Busse kamen, in denen er zur Arbeit oder über Land unterwegs war. Wenn sie nur fuhren und nicht ausfielen. Die 200er-Modelle von Ikarus waren in der gesamten Republik allgegenwärtig und durchaus zuverlässige Fahrzeuge. Der hohe Ikarus-Fahrzeugbestand in der DDR sicherte eine relativ rationelle Wartung und einheitliche Ersatzteilbeschaffung, an der es aber – wie bei allen Ersatzteilen in der DDR – immer wieder mangelte. So ganz egal schien den DDR-Bürgern das mit den Import-Bussen aus Ungarn aber vielleicht doch nicht gewesen zu sein. Oder wie erklärt sich sonst dieser politisch vollkommen unkorrekte Spruch, der seinerzeit in der DDR die Runde machte: „Zigeuner bauten einen Bus, den nannte man dann Ikarus!“?

Im Frühjahr 1991 steht dieser Gelenk-Linienbus Ikarus 280 der Kraftverkehrsgesellschaft mbH Köthen, Niederlassung Bernburg, vor dem Kreiskulturhaus in Bernburg. Die Stadtlinie A Roschwitz – Ilberstedt/Aderstedt fuhr zwar am Kreiskulturhaus vorbei, hielt aber nicht direkt davor. Der Bus wurde extra für dieses Foto vor das markante Gebäude gefahren – die Aufnahme zierte dann den Titel des ab 2. Juni 1991 geltenden Bus-Taschenfahrplans für Bernburg.

Robur LO 3000 Fr2-M/B21

Der schicke kleine Ausflugsbus aus der LO-Familie

Dieser Robur LO 3000 Fr2-M/B21 wurde im Mai 1990 in Mühlhausen (Thüringen) für eine Familienfeier gechartert. Der „ROBUR"-Schriftzug auf der Fahrzeugfront ist übrigens der Form einer Kurbelwelle nachempfunden. *Kleines Bild:* Im Winter 1990/91 steht dieser LO-Bus in Alsleben/Saale.

Technische Daten	Robur LO 3000 Fr 2 M/ B 21
Hersteller	VEB Roburwerke Zittau
Erstes Baujahr	1973
Höchst-geschwindigkeit	85 km/h
Motor	Vierzylinder-Ottomotor, luftgekühlt
Hubraum	3.345 cm³
Leistung	55 kW (75 PS) bei 2.800 U/min
Max. Drehmoment	225 Nm bei 1.900 U/min
Bemessungen L/B/H	6.800/2.405/ 2.800 mm
Leermasse	3.600 kg
Zulässige Gesamtmasse	5.250 kg
Sitzplätze / Stehplätze	21 (inkl. Fahrer) / 0
Bereifung	6.50-20

Die Fahrzeugbasis des Robur-Busses war der LO-Lkw, dessen Technik bereits bei den Nutzfahrzeugen (LO 3000/3001 /3002, Seite 60/61) beschrieben wurde. Es bleibt hinzuzufügen, dass es sich beim Robur LO 3000 Fr2-M/B21 und seinen Vorgängern um einen beliebten kleinen Reisebus handelte, der die Lücke zwischen Taxi und „großem" Omnibus ausfüllen konnte. Für kleine Gruppen bis 20 Personen war er ideal für Tagesausflüge, der gebotene Komfort für Langstrecken allerdings nur bedingt geeignet. Die LO-Busse waren sehr begehrt und für den kleinen Kreis geduldeter privater Omnibus-Unternehmer in der DDR so gut wie nicht erhältlich. Hinter der kryptischen Bezeichnung des kleinen Busses verbergen sich folgende technische Parameter: LO steht für luftgekühlter Ottomotor, oder Lastkraftwagen mit Ottomotor, die 3000 steht für die Nutzlast des Basis-Lkw. Die Bezeichnung Fr2-M verschlüsselt den Radstand von 3.720 mm und den vorverlegten Motor. Die Bezeichnung B21 schließlich kennzeichnet das Fahrzeug als Busaufbau mit 21 Sitzplätzen. Alles klar?!

Das einzige schwere Omnibusmodell aus DDR-Produktion

IFA H 6 B/L

Links: Dieser H 6 B/S war im Mai 1989 noch in Freiberg (Sachsen) für Sonderfahrten im Einsatz. *Kleines Bild:* Die Halleschen Straßenbahnfreunde e.V., Arbeitsgemeinschaft Omnibus, haben diesen H 6 B/L in zweijähriger Arbeit mustergültig als Wagen 13 der Verkehrsbetriebe Halle/Saale restauriert. Der Bus wurde 1956 im VEB Waggonbau Ammendorf gebaut.

Da in den 50er-Jahren die über den RGW vereinbarten Importe schwerer Omnibusse aus Ungarn nur schleppend in Gang kamen, der Bedarf im Land aber immer größer wurde, entschloss sich die staatliche Plankommission der DDR den eigentlich bereits eingestellten Omnibusbau bis 1960 fortzuführen. Anfang der 50er-Jahre standen aus der Inlandsproduktion für schwere Nutzfahrzeuge nur die Baugruppen des Lkw H 6 zur Verfügung. Unter Verwendung derselben konstruierte man 1952 im Werdauer IFA-Werk einen Bus mit selbsttragendem Aufbau. Er trug zunächst die Typ-Bezeichnung W 501, in der Serienfertigung wurde er zum H 6 B umbenannt. Ab 1954 entstanden die Varianten Stadtbus H 6 B/S, Linienbus H 6 B/L und Reisebus H 6 B/R. Aus Kapazitätsgründen wurde ab 1955 die Montage nach Halle-Ammendorf in das LOWA-Werk VEB Waggonbau Ammendorf verlagert. Wegen Qualitätsmängeln und ständiger Rangeleien zwischen den Werken Werdau und Ammendorf verlagerte man die Produktion 1957 wieder zurück nach Werdau. Insgesamt sind von beiden Werken 1.910 Fahrzeuge hergestellt worden. 1959 wurde wegen der RGW-Spezialisierungs-Empfehlung die Fertigung der H 6-Busse eingestellt. Auch 1989, 30 Jahre nach der Produktionseinstellung, waren einige H 6-Busse noch im Sonder- und Schülerverkehr auf den DDR-Straßen unterwegs.

Technische Daten	IFA H 6 B/L
Hersteller	VEB Kraftfahrzeugwerk „Ernst Grube“ Werdau, VEB Waggonbau Ammendorf
Erstes Baujahr	1954
Höchstgeschwindigkeit	H 6 B/L Linienbus 80 km/h H 6 B/S Stadtbus 66 km/h
Motor	Sechszylinder-Dieselmotor
Hubraum	9.036 cm³, ab 1957 9.840 cm³
Leistung	88 kW (120 PS) bei 2.000 U/min, ab 1957 110 kW (150 PS)
Max. Drehmom.	461 Nm bei 1.000 U/min
Abmessungen L/B/H	9.830/2.500/2.800 mm
Leermasse	8.500 kg
Zulässige Gesamtmasse	12.650 kg
Sitzplätze / Stehplätze	H 6 B/L Linienbus 35/16 H 6 B/S Stadtbus 26/31
Bereifung	11.00-20

Fleischer S 4 / S 5

In jeder Hinsicht besondere Busse

Eine im Jahr 1927 gegründete Stellmacherei, ab 1939 „Fritz Fleischer Karosserie- und Wagenbau“, nahm ihre Tätigkeit nach dem Zweiten Weltkrieg 1946 mit Reparaturen und Umbauten wieder auf. 1947 entstand der erste Bus auf einem gebrauchten Fahrgestell. Weiter ging es mit Bus-Aufbauten auf Fahrgestellen von Opel-Blitz, S4000 und H 6. Als der IFA W50 erschien, wurden dessen Baugruppen für die Fertigung des S 4 verwendet. Der S 4 bekam das höhere Dach, das wie schon ab dem Modell S 2 zum Einbau kam, weil keine gebogenen Piacryl-Scheiben (aus Westdeutschland bezogen) für die Dachrandverglasung mehr zur Verfügung standen, wie sie beim S 1 und zum Teil beim S 2 noch verwendet wurden. Bei der Verstaatlichung 1972 war Fritz Fleischer zunächst noch Direktor in dem einst ihm gehörenden Betrieb. Nach der Entwicklung des S 5 im Jahr 1973 verließ er das volkseigene Unternehmen. Er verstarb 1989. Im Jahr darauf endete mit der Liquidation die Geschichte des einzigen privaten Omnibus-Herstellers der DDR.

Dieser 1991 in Chemnitz fotografierte S 5 ist auch heute noch bei der Firma Döhler-Reisen in Chemnitz für „Ostalgiefahrten“ im Einsatz. *Kleines Bild:* Die Firma Bernd Kaute Omnibusverkehr in Dresden fuhr 1998 noch diesen schmucken Fleischer S 5-Bus.

Technische Daten	S 4	S 5
Hersteller	– Fritz Fleischer Karosserie- und Fahrzeugfabrik Gera, ab 1972 VEB Karosseriebau Gera –	
Erstes Baujahr	1969	1971
Verwendete Baugruppen von	IFA W50	IFA W50, Achsen: Ikarus
Höchst-geschwindigkeit	75 km/h	70 km/h
Motor	Vierzylinder-Dieselmotor	Sechszylinder-Dieselmotor
Hubraum	6.560 cm³	9.840 cm³
Leistung	92 kW (125 PS) bei 2.300 U/min	140 kW (190 PS) bei 2.300 U/min
Max. Drehmoment	422 Nm bei 1.350 U/min	634 Nm bei 1.250 U/min
Abmessungen L/B/H	9.700/2.500/2.980 mm	12.000/2.500/3.100 mm
Leermasse	7.065 kg	9.100 kg
Zulässige Gesamtmasse	10.800 kg	13.800 kg
Sitzplätze / Stehplätze	38 / 0	48 / 0
Bereifung	9.00-20	11.00- oder 12.00-20
Gefertigte Stückzahl	51	296

Die berühmte „Zigarre" mit dem Heckmotor

Ikarus 55 / 66

Technische Daten	Ikarus 55	Ikarus 66
Hersteller	– Ikarus-Werke Budapest-Mátyásföld, VR Ungarn –	
Import	ab 1956	ab 1959
Höchstgeschwindigkeit	78 bis 98 km/h gemäß Übersetzung	61 bis 100 km/h gemäß Übersetzung
Motor	– Sechszylinder-Dieselmotor –	
Hubraum	8.280 cm³	8.280 cm³
Leistung	107 kW (145 PS) bei 2.300 U/min	107 kW (145 PS) bei 2.300 U/min
Max. Drehmoment	490 Nm bei 1.400 U/min	490 Nm bei 1.400 U/min
Abmessungen L/B/H	11.400/2.500/2.900 mm	11.400/2.500/2.900 mm
Leermasse	9.500 kg	9.000 kg
Zulässige Gesamtmasse	14.900 kg	15.000 kg
Sitzplätze / Stehplätze	32 bis 44 / 0	32 / 58
Bereifung	11.00-20	11.00-20

Ikarus 55 der Firma J. Schwenke, Schmiedeberg, beim Einsatz im Schülerverkehr. Dieses private Busunternehmen fuhr noch bis 1989 mit zwei Ikarus 55.

Das ungarische Ikarus-Werk in Budapest-Mátyásföld kann auf eine lange Tradition zurückblicken. In einer 1895 gegründeten Werkstatt wurden ab 1920 Lkw-Aufbauten und Anhänger gefertigt, ab 1924 Omnibusse, ab 1936 mit Metallkarosserien. 1948 wurde die Firma verstaatlicht. Der Markenname „Ikarus" wird seit 1949 verwendet. Die DDR ➛

Ikarus 55 / 66

Die berühmte „Zigarre" mit dem Heckmotor

Ein museal erhaltener Ikarus 55 mit Dachrandverglasung in Klostermansfeld.
Kleines Bild: Im Gegensatz zu den farbenfrohen Reise- und Überlandbussen waren die Stadt- und Linienbusse oft einfarbig, wie dieser blass-beige Ikarus 66 des VEB Kraftverkehr Zwickau, fotografiert im Januar 1988 in Crimmitschau.

begann im Jahr 1952 mit den Importen. Die in den Jahren 1952/54 angebotenen Heckmotor-Omnibusse Ikarus 55 (Reise- und Überlandbus) und Ikarus 66 (Stadt- und Linienbus) wurden von 1965 bis 1973 in der stattlichen Stückzahl von 8.350 Exemplaren von der DDR importiert. Diese Busse waren eine völlig neue Konstruktion mit selbsttragender, stromlinienförmiger Karosserie und Heckmotor. Durch aufklappbare Türen im Heck war der Motor sehr gut zugänglich. Einige Modelle verfügten über zusätzliche Oberlichter in den Dachrundungen, teilweise waren die Busse mit Falttüren ausgerüstet. Die markante Form der stromlinienförmigen Busse verschaffte ihnen schnell den Spitznamen „Zigarre". Nicht wenige „Zigarren" standen noch bis zum Ende der DDR im täglichen Einsatz und überlebten damit ihre Nachfolger, die Ikarus 556 / 180 – von denen in den letzten Jahren der DDR so gut wie keine Exemplare mehr anzutreffen waren. Deshalb tauchen diese Modelle in diesem Buch auch nicht auf.

Škoda 706 RTO / Jelcz 043

Der in Niederfinow aufgenommene Škoda 706 RTO (Baujahr 1963) mit passendem Anhänger Jelcz P-01 (Baujahr 1971) ist ein mustergültig restauriertes Museumsfahrzeug der BBG-Barnimer Busgesellschaft mbH, Eberswalde.

Technische Daten	Škoda 706 RTO	Jelcz 043
Hersteller	Škoda-Werke Pilsen / Karosa N.P., ČSSR	Automobilwerk JZS Jelcz, Mielec, VR Polen
Import	ab 1958	ab 1968
Höchstgeschwindigkeit	85 km/h	70 km/h
Motor	– Sechszylinder-Dieselmotor –	
Hubraum	11.781 cm³	11.781 cm³
Leistung	117 kW (160 PS) bei 1.900 U/min	117 kW (160 PS) bei 1.900 U/min
Max. Drehmoment	700 Nm bei 1.200 U/min	700 Nm bei 1.200 U/min
Abmessungen L/B/H	10.870/2.500/2.900 mm	10.810/2.500/2.980 mm
Leermasse	8.400 kg	8.900 kg
Zulässige Gesamtmasse	13.750 kg	14.250 kg
Sitzplätze / Stehplätze	40 / 21	40 / 21
Bereifung	11.00-20	11.00-20

Škoda-Omnibusse wurden ab Ende der 50er-Jahre bis 1971 in die DDR importiert, insgesamt etwa 500 Stück. Den formschönen Škoda 706 gab es als Reisebus mit Fenstern in den Dachrundungen, als Linien- und Stadtlinienbus. Nach dem Ende der Produktion bei Škoda fertigte zunächst die Firma Karosa die Busse weiter. In Polen wurden ab 1962 die Škoda-Busse von Jelcz als Lizenz übernommen und bis 1979 weitergebaut. Es entstanden die Varianten Solo-Vorortbus 041, Solo-Überlandbus 043, Reisebus 014 und Gelenk-Stadtlinienbus 021. Die DDR hatte zwischen 1968 und 1970 neben 350 Bus-Anhängern P-01 auch 660 Jelcz-Busse der Typen 043 und 021 eingekauft. Das Ende der DDR überstanden einige der spöttisch „Badewanne“ genannten Fahrzeuge.

Neue Ikarus-Bus-Generation mit Unterflurantrieb

Der erste Bus der völlig neuen Ikarus-200er-Einheits-Fahrzeuggeneration wurde bereits 1968 vorgestellt, ein 12-Meter-Luxusreisebus Ikarus 250 mit Klimaanlage und Luftfederung. Im selben Jahr folgte der erste Überlandbus Ikarus 252. Die Serienproduktion begann ebenfalls 1968 und die 200er-Baureihe wurde konsequent ausgebaut: vom 8,5-Meter-Bus bis zum 18-Meter-Gelenkbus. Ab 1973 wurden die Typen 255 und 266 gefertigt, die gegenüber den luftgefederten Modellen über eine genügsamere Blattfederung verfügten – ein Tribut an die katastrophalen Straßenverhältnisse im gesamten Ostblock. 1972 wurde der erste Stadt-Omnibus Ikarus 260 gebaut, 1973 folgte die Gelenkvariante, der Typ 280. Von dieser gab es auch die Version 280 T, ein Trolleybus. Die Ikarus 280 T waren u.a. beim einzigen O-Bus-Betrieb der DDR in Eberswalde-Finow im Einsatz. Da die Ikarus-Werke in Budapest Busse für den gesamten ➛

In Gernrode, im Harz, warten im Sommer 1990 zwei Ikarus 250 auf Fahrgäste. *Unten:* Für Anschlussreisende ins nähere Umland stand am Bahnhof Pasewalk 1994 noch ein Ikarus 280 bereit.

Die Vorstadtversion des Ikarus 260 hatte Türen vorn zum Einstieg und mittig zum Ausstieg und bot 45 Sitzplätze. In Geithain war dieser 260er 1994 noch im Schülerverkehr eingesetzt.

Technische Daten	Ikarus 250 Reisebus	Ikarus 260 Stadtlinienbus	Ikarus 280 Gelenk-Linienbus
Hersteller	– Ikarus-Werke Budapest-Mátyásföld/Székesfehérvár, VR Ungarn –		
Import	ab 1968	ab 1971	ab 1973
Höchstgeschwindigkeit	106 km/h	70 km/h	70 km/h
Motor	– Sechszylinder-Dieselmotor –		
Hubraum	10.350 cm³	10.350 cm³	10.350 cm³
Leistung	141 kW (192 PS) bei 2.100 U/min	141 kW (192 PS) bei 2.100 U/min	141 kW (192 PS) bei 2.100 U/min
Max. Drehmoment	696 Nm bei 1.300 U/min	696 Nm bei 1.300 U/min	696 Nm bei 1.300 U/min
Abmessungen L/B/H	12.000/2.500/3.210 mm	11.000/2.500/3.040 mm	16.500/2.500/3.160 mm
Leermasse	10.700 kg	9.100 kg	12.500 kg
Zulässige Gesamtmasse	16.000 kg	16.000 kg	22.500 kg
Sitzplätze / Stehplätze	42 bis 46 / 0	23 / 75	36 / 107
Bereifung	10.00-20	11.00-20	11.00-20

RGW-Raum bauten, wurde der ungarische Hersteller mit einer Jahresproduktion von bis zu 15.000 Stück zeitweilig einer der größten Omnibushersteller der Welt. Die DDR importierte überwiegend die Typen 250, 255, 256 (Reisebusse); 260 (Solobusse für Stadt- und Überlandverkehr); 280 (Gelenkbusse für den Stadt- und Überlandverkehr) und 211, ein kurzer Solobus, basierend auf IFA W50-Bauteilen. Letzterer war ein Gemeinschaftsprojekt von Ikarus und IFA. Der Bus war bei den Fahrern wegen seiner schlechten Fahreigenschaften und der unterdimensionierten Federung wenig beliebt. Von den über 30.000 in die DDR importierten Ikarus-Bussen waren 1989 noch weit über 15.000 Fahrzeuge im Einsatz (Ikarus 55 / 66 und 200er-Reihe).

Traktoren und Geräteträger

Die Landwirtschaft – besonders die Pflanzenproduktion – genoss in der DDR einen hohen Stellenwert. Sie spielte auch eine wesentliche Rolle im Selbstverständnis des Staates, der sich selbst als „Arbeiter und Bauern Staat" bezeichnete. Arbeiter- und Bauernschaft übten gemeinsam als Klassen die Macht aus, deren Verbundenheit sich auch im Staatswappen der DDR in den Symbolen Hammer, Sichel und Ährenkranz widerspiegelt.

Oberstes Ziel der Landwirtschaftlichen Produktionsgemeinschaften (LPG) und Volkseigenen Güter (VEG) – auf denen die Hauptlast der Produktion ruhte – war die weitestgehende Selbstversorgung der DDR mit landwirtschaftlichen Produkten und die Vermeidung von Getreideimporten. Um dieses Ziel zu erreichen, wurde seit 1968 eine gezielte Industrialisierung des Agrarsektors betrieben, bei der ein hoch spezialisiertes Wirtschaftsgefüge mit dem Einsatz von modernen Großmaschinen unter Zuhilfenahme von Dünger und Pflanzenschutzmitteln geschaffen wurde. Noch heute ist die Landwirtschaft der fünf neuen Bundesländer von großen landwirtschaftlichen Betrieben geprägt, die es in vergleichbarer Größe im Westen nicht gibt.

Der Druck auf den LPG und VEG, die Selbstversorgung der DDR sicherstellen zu müssen, lastete auch auf den Landmaschinen-Herstellern, die ja die maschinentechnische Basis dafür schaffen mussten. Diese Hersteller wurden in einem am 1. Juli 1978 staatlich geführten Zusammenschluss im VEB Kombinat Fortschritt Landmaschinen unter der Marke „FORTSCHRITT" vereinigt. Der Stammbetrieb hatte seinen Sitz in Neustadt (Sachsen) und fasste alle bisher selbstständigen Betriebe und Kombinate der Landmaschinenproduktion, einschließlich der wichtigsten Zulieferbetriebe, unter einem Dach zusammen. Unter dem Markennamen „FORTSCHRITT" entstand eine ganze Bandbreite von Maschinensystemen, die nicht selten heute noch im Einsatz sind. Aber auch in der Landwirtschaft traten die typischen Probleme der staatsgelenkten DDR-Wirtschaft auf: Innovationen und Weiterentwicklungen wurden zugunsten hoher Produktionszahlen zurückgestellt, es fehlte permanent an Ersatzteilen, die steigenden Exportverpflichtungen innerhalb des RGW führten wiederum zu einer zunehmenden Importabhängigkeit.

Als ein Beispiel für den Verzicht auf Weiterentwicklungen möge der wohl bekannteste DDR-Traktor, der ZT 300, dienen: Er wurde von 1967 bis 1986 weitestgehend unverändert gebaut, und selbst als 1983 sein Nachfolger, der ZT 323, vorgestellt wurde, lief seine Produktion noch drei Jahre parallel weiter. Hohe Stückzahlen hatten absolute

Ein Foto wie aus einem sozialistischen Landmaschinen-Werbeprospekt: „Im Erntekampf (in der DDR wurde nicht einfach die Ernte eingefahren, die SED stilisierte diesen Vorgang in den gleichgeschalteten Medien stets zum Erntekampf oder gar zur Ernteschlacht hoch – das Dritte Reich lässt grüßen!) kämpfen sowjetische und tschechische Traktoren, gelenkt von erfahrenen Genossen Erntekapitänen unter der klugen Führung der Sozialistischen Einheitspartei Deutschlands Schulter an Schulter, um die Übererfüllung der sozialistischen Planziele bei der Einholung der Kartoffelernte in der Altmark ..."

Quatsch! Kartoffelernte in der Nähe von Salzwedel im Jahr 2003: Der russische Belarus MTS-80 (links) zieht den „FORTSCHRITT"-Kartoffelrodelader E 682, und der tschechische Zetor 5211 übernimmt mit dem Anhänger HW 60.11 die Abfuhr der Knollen. Jahre nach dem Ende der DDR sind diese robusten und bewährten Fahrzeuge immer noch im Einsatz und holen die Ernte auch ohne begleitende dümmliche Propaganda sicher ein.

Priorität – denn die Exportverpflichtungen drückten schmerzhaft. Der Nachfolger ZT 323 bot bei weitem nicht den Quantensprung an Innovationen, der nach der langen Produktionsdauer des Vorgängermodells sehnsüchtig erwartet wurde und der nötig gewesen wäre, um weltmarktfähig zu sein.

Auch hier sind die Parallelen zum Trabant, dem Wartburg und dem W50 nicht zu übersehen: Zum Zeitpunkt ihres Erscheinens waren diese Produkte der DDR-Fahrzeugindustrie technisch auf der Höhe der Zeit und international durchaus konkurrenzfähig. Eine permanent nötige Weiterentwicklung unterblieb aber aus Kosten- und Kapazitätsgründen. Man ruhte sich mehr oder weniger auf den vermeintlichen Lorbeeren der über Jahrzehnte hohen Produktionszahlen aus. Als dann der Marktdruck, die völlig in die Jahre gekommenen Fahrzeuge endlich dem technischen Standard der Zeit anzupassen, so groß wurde, dass Handlungsbedarf bestand, rächte sich die verstrichene Zeit.

Nur mithilfe enormer Kraftanstrengungen, westlicher Technologie (z.B. VW-Motoren bei den Pkw) und finanzieller Aufwendungen, die weit über das wirtschaftlich vertretbare Maß hinaus gingen, glaubte man wieder Anschluss an den Weltmarkt zu finden. Und was kam dabei heraus? Ein Trabant 1.1, unter dessen Uralt-Karosserie nun ein VW-Lizenzmotor werkelte. Ein Wartburg 1.3, der ein ähnliches Problem hatte und vollkommen überteuert war. Ein L60, der gute Chancen gehabt hätte, wenn er nicht viel zu spät oder dann zumindest mit einem modernen, zeitgemäßen Führerhaus gekommen wäre. Und ein ZT 323, der optisch aufgehübscht wurde, aber im Grunde genommen nur ein ZT 300 in neuem Gewand war. Kfz-Technik „Made in GDR“ …

RS 01/40 / 01/40-1 „Pionier“

Helfer der Landwirtschaft nach dem Krieg

Anfang des Jahres 1945 wurden die Breslauer FAMO-Werke wegen der heranrückenden Ostfront nach Schönebeck/Elbe, ins dortige Junkers-Werk, verlagert. Außer dem Maschinenpark kamen auch Fertigungsunterlagen und Traktorenteile mit. Im Jahr 1946 jedoch musste alles wieder demontiert werden: Reparationsleistungen. Da nun keine Fertigungsmöglichkeiten mehr vorhanden waren, wurde mit den überarbeiteten FAMO-Zeichnungen die Produktion im Zwickauer Horch-Werk aufgenommen. 1949 wurde auf der Leipziger Messe der erste Schlepper, noch mit FAMO-Emblem, ausgestellt. In Zwickau wurden etwa 2.250 Stück hergestellt, bis 1950 die Produktion nach Nordhausen verlagert wurde. Ab 1953 wurde dort beim „Pionier“ genannten Radschlepper ein überarbeiteter Motor eingesetzt. Nachdem sich das Benzin- und auch das Druckluft-Anlassverfahren als sehr störungsanfällig herausstellten, ging man schließlich zum Elektro-Anlasser über. Von beiden Bauarten wurden zusammengenommen 20.123 Maschinen gebaut, meist in grüner Farbgebung.

Oben: Bei einem Schaupflügen nahe Camburg/Saale im Jahr 2004 war dieser R 01/40 mit einem kleinen 2-Scharbeetpflug im Einsatz. *Kleines Bild:* Ein Radschlepper RS 01/40 „Pionier“ mit farblich passendem Anhänger, aufgenommen 1988 in Leipzig, am Dresdner Güterbahnhof.

Technische Daten	RS 01/40 „Pionier“	RS 01/40-1 „Pionier“
Hersteller	IFA Vereinigung Volkseigener Fahrzeugwerke, Werk Horch, Zwickau	VEB IFA Schlepperbau Nordhausen
Erstes Baujahr	1949	1950
Fahrzeugart	Radschlepper	Radschlepper
Motor	– Vierzylinder-Viertakt-R-Dieselmotor, wassergekühlt –	
Hubraum	5.020 cm³	5.020 cm³
Leistung	29,5 kW (40 PS)	30.9 kW (42 PS)
Höchstgeschwindigkeit	17,5 km/h	17,5 km/h
Antrieb	Hinterrad	Hinterrad
Abmessungen L/B/H	3.475/1.728/2.180 mm	3.475/1.728/2.180 mm
Gewicht	3.200 kg	3.200 kg
Bereifung vorn / hinten	– 6.50-20 extra / 12.75-28 AS –	
Riemenscheibe	– Durchmesser 350 mm, Drehzahl 870 U/min –	
Zapfwelle	– 540 U/min, hinten, fahrkupplungsabhängig –	
Hydraulik	– keine –	

Der *Kurze* mit der Neigung zum Aufbäumen

RS 03/30 „Aktivist“

Die auf einem Vorkriegsmodell basierende Motor-Konstruktion des Karl-Marx-Werks Babelsberg (ehemals Orenstein & Koppel) wurde im VEB Brandenburger Traktorenwerk für einen kurzen Schlepper verwendet. Als Muster auf der Leipziger Frühjahrsmesse 1949 ausgestellt erfolgte sein Produktionsanlauf im darauf folgenden Mai. Großer Nachteil der kurzen Bauweise war das Aufbäumen bei größerer Zuglast. Eine Masseerhöhung am Vorderteil brachte keine entscheidende Verbesserung. Dennoch wurden 3.761 Stück gefertigt, alle in graublauer Farbgebung. Das Fahrerhaus kam im Laufe der Fertigung dazu. Im Jahr 1952 wurde die Produktion eingestellt.

Oben: Im thüringischen Gösselsdorf wartete im Jahr 2003 ein „Aktivist“ zusammen mit dem GT 124 auf weitere Aufgaben.
Unten: Mit dem kleinen Anhängepflug hatte dieser RS 03/30 keine Probleme. Festgehalten wurde die Szene im Jahr 2004 beim Schleppertreffen in der Nähe von Camburg/Saale.

Technische Daten	RS 03/30 „Aktivist“
Hersteller	VEB Brandenburger Traktorenwerk
Erstes Baujahr	1949
Fahrzeugart	Radschlepper
Motor	Zweizylinder-Viertakt-V-Dieselmotor, wassergekühlt
Hubraum	3.330 cm^3
Leistung	22 kW (30 PS) bei 1.500 U/min
Höchstgeschwindigkeit	17,8 km/h
Antrieb	Hinterrad
Abmessungen L/B/H	2.685/1.630/2.300 mm
Gewicht	2.250 kg
Bereifung vorn / hinten	6.00-16 / 9.00-24
Riemenscheibe	Durchmesser 225 mm, Drehzahl 1.400 U/min
Zapfwelle	540 U/min, hinten, fahrkupplungsabhängig
Hydraulik	keine

RS 04/30

Der Vielzweckschlepper – die erste DDR-Nachkriegskonstruktion

Der RS 04/30 war die erste eigene Nachkriegskonstruktion der DDR und gleichzeitig der erste von der inzwischen eingerichteten Zentralen Prüfstelle für Landtechnik (ZPL) in Potsdam-Bornim zertifizierte Schlepper. Die vom Hersteller verwendete Bezeichnung Vielzweckschlepper für den RS 04/30 sollte auf dessen universelle Einsatzmöglichkeiten hinweisen. Durch Kriechganguntersetzung konnte eine Arbeitsgeschwindigkeit von 1 km/h erreicht werden. Die Arbeitsschwinge bestand aus zwei am Getriebegehäuse gelagerten Längsholmen. Je zwei Holmhebel und Zugstangen stellten die Verbindung zum Arbeitszylinder her. Die Möglichkeit zum Betreiben eines zusätzlichen Arbeitszylinders war vorhanden. Insgesamt wurden 7.574 Stück gebaut, ab Nr. 5.779 aber nur noch mit Schutzdach anstatt des geschlossenen Fahrerhauses. Die Farbgebung war grün.

Ein schon arg mitgenommener RS 04/30 ohne Schutzdach pausiert im Juli 1991 bei Haldensleben von der Feldarbeit. *Unten:* Mit dem Anbaumähbalken E 091 war auch dieser RS 04/30 in der Nähe von Großröhrsdorf im Jahr 2004 noch im Einsatz.

Technische Daten	RS 04/30
Hersteller	VEB IFA Schlepperbau Nordhausen
Erstes Baujahr	1953
Fahrzeugart	Radschlepper
Motor	Zweizylinder-Viertakt-R-Dieselmotor, wassergekühlt
Hubraum	3.010 cm³
Leistung	22 kW (30 PS)
Höchstgeschwindigkeit	19 km/h
Antrieb	Hinterrad
Abmessungen L/B/H	3.500/1.600/2.400 mm
Gewicht	2.600 kg
Bereifung vorn / hinten	6.00-20 extra HD / 9.00-40 AS
Riemenscheibe	Durchmesser 280 mm, Drehzahl 1.400 U/min
Zapfwelle	540 U/min, hinten fahrkupplungsabhängig, vorn gesonderte Lamellenkupplung
Hydraulik	hydraulisch betätigte Arbeitsschwinge

Ein universeller Geräteträger

RS 08/15 „Maulwurf“

Der „Maulwurf“ war gekennzeichnet durch den Geräteanbau-Holm, welcher vorn an der Hauptbaugruppe (Motor-Getriebe-Treibachse) angesetzt war. Vorn am Holm war die Pendel-Vorderachse samt Lenkgetriebe längs verschiebbar angebracht, was eine große Variantenvielfalt ermöglichte. Als Motor wurde ein modifizierter PKW-Motor des IFA F8 verwendet, da kein passender Dieselmotor verfügbar war. Motor und Getriebe neigten zu Ausfällen. Weil eine Hydraulik fehlte, erfolgte das Heben der Anbaugeräte mit Hebelübersetzung und Muskelkraft. Es wurden insgesamt 5.751 Exemplare, alle in der Farbe Grün, ausgeliefert.

Ein vor der Verschrottung geretteter RS 08/15 pausiert im Sommer 2004 während eines Mäheinsatzes in der Nähe von Mirow, Mecklenburg-Vorpommern. *Unten:* Ein museal erhaltener RS 08/15 „Maulwurf“ (Baujahr 1955) in Bernburg-Strenzfeld.

Technische Daten	RS 08/15 „Maulwurf“
Hersteller	VEB Schlepperwerk (ab 1955 Traktorenwerk) Schönebeck/Elbe
Erstes Baujahr	1952
Fahrzeugart	Radschlepper, Geräteträger
Motor	Zweizylinder-Zweitakt-R-Ottomotor, wassergekühlt
Hubraum	690 cm³
Leistung	11 kW (15 PS)
Höchstgeschwindigkeit	15,8 km/h
Antrieb	Hinterrad
Abmessungen L/B/H	3.320/1.520/2.120 mm
Gewicht	1.330 kg
Bereifung vorn / hinten	6.00-16 AS Front / 7-36 AS
Riemenscheibe	keine
Zapfwelle	vorn/hinten motorgeb. 540 U/min, fahrkuppl.-unabh., vorn/hinten getriebegeb. 376 bis 2.640 U/min, auch im Stand
Hydraulik	keine

RS 09/15

Der Geräteträger mit Hydraulik

Der Geräteträger 09/15 verfügte – bei gleichem Grundkonzept wie sein Vorgänger RS 08/15 – nun über eine Hydraulik. Und auch der modifizierte IFA F8-Motor des Vorgängers war in Ermangelung eines DDR-eigenen Kleindieselmotors einem Österreich-Import gewichen: Zunächst wurden Originalmotoren von der Firma Warchalowski bezogen, bis die Lizenzproduktion in Schönebeck anlief. Die Farbgebung des RS 09/15 war Rot mit gelben Radscheiben. Ende der 50er-Jahre, kurz nach Produktionsanlauf des RS 09, gab es ein recht detailgetreues Modell, etwa im Maßstab 1:16 gehalten, im DDR-Spielwarenhandel.

Zwei Geräteträger RS 09/15 stehen 1990 im Hof des VEG Neugattersleben und warten auf ihre nächsten Eins
Unten: Und auch dreizehn Jahre nach der Aufnahme oben, nämlich im Jahr 2003, ist ein anderer RS 09/15 m
gebautem Hublader T 150 bei Pragsdorf immer noch zuverlässig im Einsatz.

Technische Daten	RS 09/15
Hersteller	VEB Traktorenwerk Schönebeck/Elbe
Erstes Baujahr	1957
Fahrzeugart	Radschlepper, Geräteträger
Motor	Zweizylinder-Viertakt-V-Dieselmotor, luftgekühlt
Hubraum	1.020 cm³
Leistung	11 kW (15 PS)
Höchstgeschwindigkeit	15 km/h
Antrieb	Hinterrad
Abmessungen L/B/H	3.260/1.520/ 1.820 mm
Gewicht	1.370 kg
Bereifung vorn / hinten	6.00-16 AS Front / 7-36 AS
Riemenscheibe	als Sonderzubehör
Zapfwelle	vorn/hinten motorgeb. 589 U/min, fahrkuppl.-unabh., vorn/hinten getriebegeb. 540 U/min bei 3,3 km/h
Hydraulik	hinten Dreipunkt-Hydraulik als Standard, vorn Vierpunkt-Hydraulik als Zusatz

Der *leistungsgesteigerte Geräteträger*

GT 124

Mit der Metallpritsche KA-1 ergaben sich weitere Einsatzmöglichkeiten für den GT 124; fotografiert im Jahr 2004 bei Birkholz in der Altmark. *Unten:* Für Pflegearbeiten mit dem Zwischenachsanbaugerät stand ein GT 124 auch im Jahr 2004 in Teuchern (Sachsen-Anhalt) noch bereit.

Ein konstruktiv überarbeiteter, auf 30 PS leistungsgesteigerter Motor aus dem VEB Motorenwerk Cunewalde und 30 verschiedene serienmäßige Anbaugeräte mit einer Nennbreite von 2.500 mm sind die Merkmale des GT 124. Aber die Nachfrage ging zurück, denn inzwischen war das Arbeitsgebiet des Geräteträgers der Stall und der Hof. Dafür aber waren die 2.500 mm zu breit. Außer den serienmäßigen Arbeitsgeräten gab es etwa 20 kundenspezifische Anbaugeräte, die entweder am Holm angebracht waren oder den Holm ersetzten. Das heißt, das Arbeitsgerät war bei Abbau des Holms zwischen Grundmaschine und Vorderachse eingebaut. Der GT 124 wurde in Rot ausgeliefert. 1972 endete der Bau von Geräteträgern. Bis dahin wurden 120.273 hergestellt.

Technische Daten	GT 124
Hersteller	VEB Traktorenwerk Schönebeck/Elbe
Erstes Baujahr	1964
Fahrzeugart	Radschl., Geräteträger
Motor	Vierzylinder-Viertakt-V-Dieselmotor, luftgekühlt
Hubraum	1.600 cm³
Leistung	18,4 kW (25 PS)
Höchstgeschwindigkeit	18 km/h
Antrieb	Hinterrad
Abmessungen L/B/H	3.878/1.520/ 2.510 mm
Gewicht	1.600 kg
Bereifung vorn / hinten	6.00-16 AS Front / 8-36 AS
Riemenscheibe	nicht im Angebot
Zapfwelle	vorn/hinten motorgeb. 540 U/min, fahrkuppl.-unabhängig. vorn/hinten getriebegeb. 540 U/min bei 3,3 km/h
Hydraulik	hinten Dreipunkt-Hydraulik als Standard, vorn Vierpunkt-Hydraulik als Zusatz

RS 14/36 „Famulus 36“

Das Nachfolgemodell des „Favorit“

Bereits beim Vorgängermodell RS 14/30 wurde 1958 wegen Rechtsstreitigkeiten der Name „Famulus“ eingeführt, den auch der RS 14/36 beibehielt. Beim RS 14/36 weiterentwickelt waren die Lenkung (Spindellenkung statt Kegelritzellenkung), der Fahrersitz, die Krafthebeanlage, die Fahrerkabine, die Druckluftbremsanlage nur für (bis zu zwei) Hänger und der Frontantrieb (wahlweise). Vom wassergekühlten RS 14/36W wurden 1.927, vom luftgekühlten RS 14/36L 13.176 und vom RT 315 (so hieß ab 1964 die luftgekühlte Variante) 1.569 Stück, in den Farben Rot oder Grün, ausgeliefert.

Dem 1992 in Nienburg/Saale aufgenommenen RS 14/36 „Famulus 36“ sieht man seine langen Dienstjahre deutlich an. *Unten:* Bei Rietz-Neuendorf war dieser RS 14/36L mit dem Kompressoranhänger DIKO 4/8 im Jahr 2004 noch unverzichtbar.

Technische Daten	RS 14/36 „Famulus 36“
Hersteller	VEB IFA Schlepperbau Nordhausen
Erstes Baujahr	1960
Fahrzeugart	Radschlepper
Motor	Zweizylinder-Viertakt-R-Dieselmotor, luft- oder wassergekühlt
Hubraum	3.280 cm³
Leistung	26,5 kW (36 PS)
Höchstgeschwindigkeit	24 km/h
Antrieb	Hinterrad
Abmessungen L/B/H	3.336/1.700/ 2.395 mm
Gewicht	2.100 kg
Bereifung vorn / hinten	6.00-20 AS Front / 11-38 AS
Riemenscheibe	keine
Zapfwelle	wahlweise motorgeb. fahrkuppl.-unabh. 580 U/min oder getriebegeb. fahrkuppl.-abh. 583 U/min bei 3,3 km/h
Hydraulik	Dreipunktaufhängung mit Ackerschiene

Ein leistungsgesteigerter RS 14/36 mit Motorproblemen

RS 14/40 „Famulus 40“ RS 14/46 „Famulus 46“

Links: Mit einem zweifurchigen Anbau-Beetpflug zeigte dieser RS 14/46 im Jahr 2004 bei Camburg/Saale sein Können. *Kleines Bild:* Zur Abfuhr des Getreides stand dieser RS 14/40 „Famulus 40“ im Sommer 2004 bei Burkersdorf in Thüringen noch bereit.

Technische Daten	RS 14/40	RS 14/46
Hersteller	– VEB IFA Schlepperbau Nordhausen –	
Erstes Baujahr	1964	1960
Fahrzeugart	Radschlepper	Radschlepper
Motor	– Zweizylinder-Viertakt-R-Dieselmotor, wassergekühlt –	
Hubraum	3.280 cm³	3.280 cm³
Leistung	29,5 kW (40 PS)	33,9 kW (46 PS)
Höchstgeschwindigkeit	28,4 km/h	24 km/h
Antrieb	Hinterrad	Hinterrad
Abmessungen L/B/H	3.410/1.700/2.300 mm	3.410/1.700/1.800 mm
Gewicht	2.100 kg	2.100 kg
Bereifung vorn / hinten	6.00-20 AS Front / 11-38 AS	6.00-20 AS Front / 11-38 AS/ (9-42 AS)
Riemenscheibe	keine	Durchmesser 300 mm, 1.080 U/min
Zapfwelle	wahlweise motorgeb. fahrkuppl.-unabh. 580 U/min oder getriebegeb. fahrkuppl.-abh. 554 U/min bei 3,3 km/h	wahlweise motorgeb. fahrkuppl.-unabh. 540 U/min oder getriebegeb. fahrkuppl.-abh. 615 U/min bei 3,75 km/h
Hydraulik	Dreipunkthydraulik	Dreipunktaufhängung mit Ackerschiene

Da 1960 kein geeigneter Schleppermotor zur Verfügung stand, wurde beim RS 14/46 gegenüber dem RS 14/36 die Leistung dadurch erhöht, dass man die Motordrehzahl heraufsetzte (von 1.600/1.650 auf 2.000 U/min). Das war nur eine Notmaßnahme, um einen Schlepper mit besseren technischen Kennwerten zu erhalten, überforderte den Motor aber thermisch. Daraufhin wurde die Drehzahl wieder auf 1.800 U/min zurückgenommen (bei noch 40 PS Leistung), und der Schlepper wurde RS 14/40 genannt. Vom RS 14/46 wurden 3.820 Stück hergestellt, vom RS 14/40 4.569 Stück – meist in Grün.

ZT 300 / ZT 303

Der Zugtraktor auf der Höhe seiner Zeit

Mit dem Erscheinen des Zugtraktors ZT 300 bekam die Mechanisierung der Landwirtschaft eine neue Qualität. Eigenartigerweise war man zunächst skeptisch, sodass Anreize zum Kauf geschaffen werden mussten. Von September 1969 bis Februar 1970 wurde beim Kauf eines ZT 300 ein Rabatt von 5.000 Mark gewährt, wenn zugleich zwei schwächere oder ein starker Traktor verschrottet wurden. Als Unterbauart gab es den ZT 301 (Bautraktor mit kürzerem Radstand, Dreizylindermotor, 60 PS) und den ZT 304 als reinen Zugtraktor (24.000 kg Anhängelast), bei dem u.a. Zapfwelle und Kraftheber entfielen. Der ZT 303 war ebenfalls eine Unterbauart des ZT 300 für den Einsatz unter erschwerten Bedingungen. Durch zusätzlichen Vorderradantrieb hatte er eine um 10 % höhere Zugkraft. Die getriebene Vorderachse war dieselbe wie beim Allrad-Lkw W50.

Ein ZT 300 steht im Januar 1991 auf der Ladestraße des Bahnhofs Calbe (Saale) West.
Kleines Bild: Das Allradmodell ZT 303 mit Dungstreuer HTS 90.04 war 1994 noch bei Schrödershof in Mecklenburg-Vorpommern zu sehen.

Technische Daten	ZT 300	ZT 303
Hersteller	– VEB Traktorenwerk Schönebeck/Elbe –	
Erstes Baujahr	1967	1971
Fahrzeugart	Radschlepper	Radschlepper
Motor	– Vierzylinder-Viertakt-R-Dieselmotor, wassergekühlt –	
Hubraum	6.560 cm³	6.560 cm³
Leistung	66,2 kW (90 PS)	66,2 kW (90 PS)
Höchstgeschwindigkeit	29 km/h	29 km/h
Antrieb	Hinterrad	Hinterrad, Zusatzantrieb vorn
Abmessungen L/B/H	4.889/2.017/2.586 mm	4.890/2.170/2.620 mm
Gewicht	4.950 kg	5.255 kg
Bereifung vorn / hinten	7.50-20 AS Front 18,4/15-30 AS	12,5-20 Mehrzweck 15-30 AS (18,4/15-30 AS)
Riemenscheibe	keine	keine
Zapfwelle	Heckzapfwelle, serienmäßig, wahlweise motor- oder getriebegeb., über Doppelkuppl. schaltbar, 540/1.000 U/min, Zusatz Front- oder Zwischenzapfwelle	Heckzapfwelle, motorgeb., über Doppelkupplung schaltbar, 540/1.000 U/min
Hydraulik	– Anlage besteht aus Lenk-, Regel- und Krafthebehydraulik, Dreipunktsystem –	

Eine Weiterentwicklung und eine Spezialausführung mit Gleisbandlaufwerk

ZT 300-C / ZT 300-GB

Ein zwillings-bereifter ZT 300-C wartet im Hof der LPG Baalberge auf die Feldarbeit.
Kleines Bild: Der ZT 300-GB mit Gleisband-Fahrwerk ist immer ein Blickfang. ZT 300-GB mit Kopplungswagen T 890 beim Schleppertreffen im Jahr 2003 in der Nähe von Rottelsdorf.

Der ZT 300-C war die erste Weiterentwicklung des ZT 300. Die Motorleistung wurde von 66,2 kW (90 PS) auf 73,6 kW (100 PS) erhöht. Der ZT 300-GB war eine Spezialausführung, von der nur etwa 70 Stück hergestellt wurden. Das Fahrzeug wurde in Schönebeck entwickelt, in Einzelkomponenten gefertigt und im VEB Kreisbetrieb für Landtechnik Zerbst, Betriebsteil Hobeck, montiert. Der Gleisbandantrieb erforderte ein neues Lenkgetriebe, Änderungen an Bremsen und Aggregat. Das Gleisband war ein endloses Gummiband mit Polyamid-Einlage und auf vulkanisierten Gummistollen. Das vordere Leitrad und das Stützrad waren luftgefedert und pendelnd aufgehängt, die angetriebene Hinterachse starr. Die Bandspannung erfolgte hydraulisch am vorderen Leitrad. Der ZT 300-GB konnte auch mit Aufsattel-Anbaugeräten versehen werden. Um den ZT 300-GB auf wenig tragfähigen Böden einsetzen zu können, wurde u.a. ein Spezialanhänger T 088 zum Triebachsanhänger mit Gummigleisband umgebaut. Ein Schwadmäher und Feldhäcksler, ebenfalls mit Gummigleisband-Fahrwerken, ergänzten das System.

Technische Daten	ZT 300-C	ZT 300-GB
Hersteller	VEB Traktorenwerk Schönebeck/Elbe	VEB Kreisbetrieb für Landtechnik, Zerbst, Betriebsteil Hobeck
Erstes Baujahr	1978	1983
Fahrzeugart	Radschlepper	Spezialfahrzeug auf Basis ZT 300
Motor	– Vierzylinder-Viertakt-R-Dieselmotor, wassergekühlt –	
Hubraum	6.560 cm³	6.560 cm³
Leistung	73,6 kW (100 PS)	66,2 kW (90 PS)
Höchstgeschwindigkeit	30 km/h	20,7 km/h ohne Unterlast, 16,4 km/h mit Unterlast
Antrieb	Hinterrad	Gummigleisband
Abmessungen L/B/H	4.889/2.017/2.568 mm	5.400/2.470/2.650 mm
Gewicht	4.950 kg	6.400 kg
Bereifung vorn / hinten	7,50-20 ASF / 18,4/15-30 AS	keine
Riemenscheibe	keine	keine
Zapfwelle		wie ZT 300
Hydraulik		wie ZT 300

ZT 320-A / ZT 320-A ZMF

Ein stark überarbeitetes Modell und ein Schienenfahrzeug

Die neue ZT-Reihe war schon rein äußerlich als überarbeitete, modernere Fahrzeuggeneration zu erkennen. Die Weiterentwicklung erstreckt sich auf Schaltgetriebe, Hydraulikanlage mit Kraftheber und auf den Arbeitsplatz des Fahrers. Die Kabine war beheiz- und belüftbar, der Sitz luftgefedert, die Lenkung hydrostatisch. Ein überarbeiteter Motor senkte den Kraftstoffverbrauch und die Schadstoffemission. Das ZMF ist eine Zweiwege-/Mehrzweckausführung. Ein Anbausatz mit absenkbaren Spurführungsrädern aus dem RAW Leipzig ermöglichte den Einsatz als Schienenfahrzeug, zum Beispiel in Agrochemischen Zentren und Industriebetrieben mit Gleisanschluss, zum Rangieren der Waggons. Dazu hatte der Traktor Spitzen- und Schlusslicht hinten und vorn, eine Hupe gemäß Anschlussbahnverordnung, Rangiertritte, Hemmschuhhalter und Kupelstangen für Schienenfahrzeuge (vorn mechanisch, hinten hydraulisch vom Fahrer zu betätigen).

Ein ZT 320-A im zuletzt gelieferten Farbschema in Hellgrün mit Aufsatteldüngerstreuer D 038, fotografiert im Sommer 2004 in Weida (bei Greiz). *Kleines Bild:* Ein Zweiwege-ZT 320-A ZMF versieht im März 1992 im Gleisanschluss der Post in Schönebeck/Elbe den Rangierdienst. Die absenkbaren Spurführungsräder für den Fahrbetrieb auf Gleisen sind gut zu erkennen.

Technische Daten	ZT 320-A	ZT 320-A ZMF
Hersteller	VEB Traktorenwerk Schönebeck/Elbe	RAW „Einheit" Leipzig
Erstes Baujahr	1984	1984
Fahrzeugart	Radschlepper	Zweiwegefahrzeug
Motor	– Vierzylinder-Viertakt-R-Dieselmotor, wassergekühlt –	
Hubraum	6.560 cm³	6.560 cm³
Leistung	73,6 kW (100 PS)	73,6 kW (100 PS)
Höchstgeschwindigkeit	30 km/h	Straße 30 km/h Schiene 5 km/h mit Last Schiene 15 km/h ohne Last
Antrieb	Hinterrad	Hinterrad
Abmessungen L/B/H	4.935/2.120/2.855 mm	5.920/3.250/2.820 mm
Gewicht	5.020 kg	5.700 kg
Bereifung vorn / hinten	10-20 MPT / 18,4-34 AS	10-20 MPT / 18,4-34 AS Spurführungsräder: Laufkreisdurchmesser 350 mm
Riemenscheibe	keine	keine
Zapfwelle	547 U/min (Heck), fahrkuppl.-unabh.	keine
Hydraulik		Dreipunkt-Hydraulik mit Regelsystemen zum Absenken der Spurführungsräder

Eine Weiterentwicklung und die Hangvariante des ZT 323-A

Aufbauend auf den Erfahrungen mit dem ZT 303 entwickelte man auf dessen Grundkonzeption diesen Typ weiter und stellte ab 1983 den neuen Typ ZT 323-A her. Analog ist der ZT 325-A eine Weiterentwicklung des ZT 305-A. ZT 305-A und ZT 325-A sind speziell für Hanglagen konzipiert worden. Sie konnten an der Hinterachse mit Zwillingsreifen ausgerüstet werden. Dadurch war das Befahren von Hängen bis 43 % Steigung möglich.

In der August-Abendsonne pausiert dieser ZT 323-A auf einem abgeernteten Getreidefeld bei Jesar. *Kleines Bild:* Dieser ZT 325-A war ohne die Hangausrüstung mit einer Scheibendrillmaschine UGA 3 im Jahr 2002 bei Törpla (Thüringen) im Einsatz.

Technische Daten	ZT 323-A	ZT 325-A
Hersteller	– VEB Traktorenwerk Schönebeck/Elbe –	
Erstes Baujahr	1983	1986
Fahrzeugart	Radschlepper	Radschlepper Hangvariante
Motor	– Vierzylinder-Viertakt-R-Dieselmotor, wassergekühlt –	
Hubraum	6.560 cm³	6.560 cm³
Leistung	73,6 kW (100 PS)	73,6 kW (100 PS)
Höchstgeschwindigkeit	30,7 km/h	30,7 km/h
Antrieb	Hinterrad, zusätzlich Vorderrad	Hinterrad, zusätzlich Vorderrad
Abmessungen L/B/H	4.935/2.240/2.855 mm	4.935/3.263/2.855 mm (mit Zwillingsbereifung)
Gewicht	5.670 kg	6.520 kg
Bereifung vorn / hinten (Zwilling)	16-20 MPT / 18,4-34 AS	10-20 MPT / 2x 18,4-34 AS
Riemenscheibe	keine	keine
Zapfwelle	547/982 U/min heckseitig fahrkuppl.-unabh.	547/982 U/min heckseitig fahrkuppl.-unabh.
Hydraulik	Dreipunkt-Hydraulik mit Regelsystem	Dreipunkt-Hydraulik mit Regelsystem

Zetor 50 „Super“

Für die Landwirtschaft der DDR nur „bedingt geeignet“

Das Zetor-Werk in Brno wurde auf dem Gelände eines fast völlig kriegszerstörten Flugzeugmotorenwerks nach 1945 neu eingerichtet. Bereits bis 1961 waren 159.000 Traktoren ausgeliefert worden. Der Zetor 50 „Super“ war eine Weiterentwicklung des Zetor „Super“. Ein Vorteil war der durch eine Doppelkupplung fahrkupplungsunabhängige Einsatz der Zapfwelle, beim Einsatz von zapfwellengetriebenen Anhängegeräten. Für ständige Transportarbeiten konnte der Traktor mit einer Druckluft-Anlage für luftgebremste Anhänger ausgerüstet werden. Die Zentrale Prüfstelle für Landtechnik (ZPL) in Potsdam-Bornim bescheinigte dem Zetor 50 „Super“ aber nur das Prädikat „bedingt geeignet für die Landwirtschaft der DDR“, da sich im praktischen Einsatz Mängel am Fahrzeug zeigten.

Dieser Zetor 50 „Super“ stand mit dem Dreischar-Anbau-Beetpflug auch 2004 bei Peitz noch im Einsatz. *Unten:* Ein Zetor 50 „Super“ ist im August 1968 auf dem Flughafen Berlin-Schönefeld als Flugzeugschlepper im Einsatz. Am Haken hat er eine Antonov An-24W der DDR-Fluggesellschaft Interflug. Doch die abgebildete DM-SBH war keine gewöhnliche Passagiermaschine – Halter und Betreiber der Sondermaschine war das Ministerium für Staatssicherheit der DDR, MfS.

Technische Daten	Zetor 50 „Super“
Hersteller	Zetor ZKL, ČSSR
Import	ab 1959
Fahrzeugart	Radschlepper
Motor	Vierzylinder-Viertakt-R-Dieselmotor, wassergekühlt
Hubraum	4.160 cm³
Leistung	36,8 kW (50 PS) bei 1.650 U/min
Höchstgeschwindigkeit	27,8 km/h
Antrieb	Hinterrad
Abmessungen L/B/H	3.570/2.310/ 2.460 mm
Gewicht	3.656 kg
Bereifung vorn / hinten	6.50-20 AS Front / 14-28 AS
Riemenscheibe	Durchmesser 250 mm, Drehzahl 1.147 U/min (Sonderausrüstung)
Zapfwelle	540 U/min, hinten, fahrkupplungsabhängig
Hydraulik	keine

Geeignet für Hof und Stall

Zetor 5011 / 5211

Die Zetor-Traktoren waren kleiner und zierlicher als alle anderen modernen Traktoren in der DDR; Ein Zetor 5011 in Nienburg/Saale. *Kleines Bild:* Zetor 5211 mit Futterverteilwagen bei Alt-Golm.

Technische Daten	Zetor 5011	Zetor 5211
Hersteller	– Zetor ZKL, ČSSR –	
Import	ab 1982	ab 1984
Fahrzeugart	Radschlepper	Radschlepper
Motor	– Dreizylinder-Viertakt-R-Dieselmotor, wassergekühlt –	
Hubraum	2.696 cm³	2.696 cm³
Leistung	33 kW (45 PS) bei 2.200 U/min	33 kW (45 PS) bei 2.200 U/min
Höchst-geschwindigkeit	23,6 km/h	24 km/h
Antrieb	Hinterrad	Hinterrad
Abmessungen L/B/H	3.430/1.665/2.375 mm	3.666/1.850/2.510 mm
Gewicht	2.520 kg	2.769 kg
Bereifung vorn / hinten	6.00-16 / 12,4/11-28 AS	6.50-16 / 12,4-32
Riemenscheibe	– Sonderausrüstung Antrieb über Zapfwelle über 5. Schaltstufe –	
Zapfwelle	540 und 610 U/min, hinten, motorgebunden, fahrkupplungsunabhängig	540 und 1.000 U/min, hinten, fahrkupplungsabhängig
Hydraulik	Dreipunkt, mit Lage-, Kraft-, und Mischregelung	Dreipunkt, mit Lage-, Kraft- und Mischregelung, Zusatzsteuergerät einfach- und doppeltwirkend

Der ab 1982 importierte Zetor 5011 war aufgrund seiner geringen Leistung und des fehlenden Allradantriebs überwiegend für Transport- und leichte Pflegearbeiten im Einsatz. Durch einen speziell entwickelten Frontlader war er für Arbeiten in Hof und Stall bestens geeignet. Der Motor war serienmäßig mit einem Kompressor ausgestattet. Zum Standard gehörten Drehzahlmesser, Motorstundenzähler und elektrische Kraftstoffanzeige. Der Zetor 5211 war ein detailverbesserter Zetor 5011. Er konnte mit einer hydraulischen Lenkhilfe ausgestattet werden, sowie mit einer Druckluftbremsanlage für Anhängerbetrieb. Importiert wurde die Ausführung mit beheiz- und belüftbarer Sicherheitskabine.

Universal UTB U-650 / UTB U-651 M

Die *großen* Schlepper aus Rumänien

Im 1925 gegründeten Werk in Kronstadt (heute Braşov) wurden bis zum Ende des Zweiten Weltkriegs Flugzeuge gebaut. 1946 begann mit Unterstützung der UdSSR die Traktorenfertigung, zunächst mit Modellen nach sowjetischer Lizenz. Im Jahr 1976 lieferte Universal Tractor Braşov (UTB) den 500.000 Traktor aus. Der U-650 war das größte von UTB in die DDR gelieferte Modell. Die Traktoren U-650 und U-651 waren mit Drehmomentwandler und hydraulischer Servolenkung ausgerüstet. Durch den Wandler konnte bei Herabsetzung der Geschwindigkeit um 33 % die Zugkraft um 54 % erhöht werden. Die modifizierten Typen U-650 M / U-651 M wurden ab 1973 importiert. Sie hatten Einspritzpumpen von Bosch und eine angetriebene Vorderachse nach Fiat-Lizenz sowie ein zusätzliches Kriechgang-Getriebe. Die U-650-Typen gab es anfangs nur in „Freiluftversion“ ohne Kabine. Später folgten Modelle mit Frontscheibe und Wetterschutz, und schließlich auch mit Fahrerhaus.

Der in Baalberge in etwas seltsamer Parkposition abgestellte Universal UTB U-651 M scheint ein Getriebeproblem an der Vorderachse zu haben – der Ölfleck zeugt davon.

Technische Daten	UTB U-650	UTB U-651 M
Hersteller	– Universal Tractor Braşov (UTB), SR Rumänien –	
Import	ab 1969	ab 1973
Fahrzeugart	Radschlepper	Radschlepper
Motor	– Vierzylinder-Viertakt-R-Dieselmotor, wassergekühlt –	
Hubraum	4.760 cm³	4.760 cm³
Leistung	47,8 kW (65 PS) bei 1.800 U/min	47,8 kW (65 PS) bei 1.800 U/min
Höchstgeschwindigkeit	26,9 km/h	27,3 km/h
Antrieb	Hinterrad	Allrad
Abmessungen L/B/H	4.230/2.050/2.480 mm (ohne Kabine)	3.930/2.050/2.630 mm (mit Kabine)
Gewicht	3.100 kg	3.660 kg
Bereifung vorn / hinten	6.50-20 AS / 14.00-38 AS	7.5-20 AS / 14.00-38 AS
Riemenscheibe	736 und 1.036 U/min (Sonderzubehör)	784 U/min (Sonderzubehör)
Zapfwelle	536 U/min hinten, motorgebunden, fahrkupplungsunabhängig, 161-534 getriebegebunden	536 U/min hinten, motorgebunden, weggebunden, 3,7 U/m Fahrstrecke
Hydraulik m. Regelhydraulik	2 freie Anschlüsse	2 freie Anschlüsse

Der Belarus mit Servolenkung und gefederter Vorderachse

Belarus MTS-50/MTS-52

Für Einsätze in einem Weinberg standen bei Meißen im Jahr 2005 noch ein russischer MTS-52 und ein rumänischer Universal U-455 HC bereit. *Kleines Bild:* Der fehlende Allradantrieb hinderte den Besitzer dieses MTS-50 nicht daran, seinen Schlepper zum Pflügen mit dem Anbau-Beetpflug B 110 zu nutzen.

Technische Daten	Belarus MTS-50	Belarus MTS-52
Hersteller	– Minsker Traktorenwerk (MTS), UdSSR –	
Import	ab 1964	ab 1964
Fahrzeugart	Radschlepper	Radschlepper
Motor	– Vierzylinder-Viertakt-R-Dieselmotor, wassergekühlt –	
Hubraum	4.749 cm³	4.749 cm³
Leistung	40,5 kW (55 PS) bei 1.700 U/min	40,5 kW (55 PS) bei 1.700 U/min
Höchst-geschwindigkeit	24,3 km/h	24,3 km/h
Antrieb	Hinterrad	Allrad (bei Schlupf über 8 % automatisch zuschaltend)
Abmessungen L/B/H	3.810/1.870/1.925 mm	3.810/1.870/1.925 mm
Gewicht	3.060 kg	3.360 kg
Bereifung vorn / hinten	6.50-20 AS Front / 12-38 AS	8.3-20 AS / 13.6-38 AS
Riemenscheibe	keine	keine
Zapfwelle	– 562 U/min hinten, weggebunden, fahrkupplungsunabhängig, 3,55 U/m Fahrstrecke –	
Hydraulik	– Dreipunktsystem, doppeltwirkend, freie Anschlüsse –	

Das Minsker Traktorenwerk (MTS), der größte Traktorenproduzent der Welt, fertigt seit 1946 Rad- und Kettenschlepper. 1953 begann mit dem MTS-1 / MTS-2 die Produktion der MTS-Radschlepperserie, aus der viele Fahrzeuge in die DDR importiert wurden. Der MTS-50 war die Weiterentwicklung des bekannten MTS-5, der bis 1963 importiert wurde. Schwerpunkt der Modifikation war dabei die Erhöhung der Wirtschaftlichkeit. Dazu wurde der MTS-50 mit Antischlupfeinrichtung, Raddruckverstärker, Scheibenbremsen, Druckluftanlage für Anhängerbremse und Hitchkupplung ausgerüstet. Die Bedienung wurde erleichtert durch hydraulische Servolenkung, eine gefederte Vorderachse und Verringerung der Masse. Der MTS-52 ist die Allradversion des MTS-50. In die DDR wurden bis Ende 1989 65.000 MTS-Traktoren geliefert. Der Name „Belarus“ bedeutet „Weißrusse“ – ein Hinweis auf den Fertigungsort Minsk, in Weißrussland.

Belarus MTS-50 Super / MTS-52 Super

Die gesuperte Weiterentwicklung des Belarus

Für den Einsatz vor der Strohpresse K 442/1 war kein Allradantrieb vonnöten und der MTS-50 Super deswegen ausreichend. Birkholz, in der Altmark, im Jahr 2004. *Kleines Bild:* Ein Belarus MTS-50 Super im Seitenprofil, Baalberge 1991.

Das „Super“ beim neuen MTS-50 / MTS-52 steht für folgende Veränderungen gegenüber dem Vorgängermodell: Steigerung der Motorleistung, Erhöhung der Motordrehzahl und der Höchstgeschwindigkeit, Abgasgeräuschdämpfer zur Lärmminderung in der Fahrerkabine, Maßnahmen zur Verlängerung der Pflegezyklen, Umgestaltung der Vorderfront. Äußerlich lassen sich die neuen Super-MTS von den Vorgängermodellen durch den eckigen Kühlergrill unterscheiden. Der MTS-52 Super ist die Allradvariante des ansonsten baugleichen MTS-50 Super.

Technische Daten	Belarus MTS-50 Super	Belarus MTS-52 Super
Hersteller	– Minsker Traktorenwerk (MTS), UdSSR –	
Import	ab 1967	ab 1967
Fahrzeugart	Radschlepper	Radschlepper
Motor	– Vierzylinder-Viertakt-R-Dieselmotor, wassergekühlt –	
Hubraum	4.750 cm³	4.750 cm³
Leistung	44,2 kW (60 PS) bei 1.800 U/min	44,2 kW (60 PS) bei 1.800 U/min
Höchstgeschwindigkeit	27,3 km/h	27,3 km/h
Antrieb	Hinterrad	Allrad
Abmessungen L/B/H	3.850/1.970/2.485 mm	3.850/1.970/2.485 mm
Gewicht	3.150 kg	3.675 kg
Bereifung vorn / hinten	7.50-20 / 13.6-38	8.3-20 / 13.6-38
Riemenscheibe	keine	keine
Zapfwelle	– 596 U/min hinten, weggebunden, fahrkupplungsunabhängig, 3,55 U/m Fahrstrecke –	
Hydraulik	– Dreipunktsystem, doppeltwirkend, freie Anschlüsse –	

Der MTS-50 Super mit erhöhter Motorleistung

Belarus MTS-80 / MTS-82

Technische Daten	Belarus MTS-80	Belarus MTS-82
Hersteller	– Minsker Traktorenwerk (MTS), UdSSR –	
Import	ab 1977	ab 1977
Fahrzeugart	Radschlepper	Radschlepper
Motor	– Vierzylinder-Viertakt-R-Dieselmotor, wassergekühlt –	
Hubraum	4.750 cm³	4.750 cm³
Leistung	59 kW (80 PS) bei 2.200 U/min	59 kW (80 PS) bei 2.200 U/min
Höchst-geschwindigkeit	33,4 km/h	33,4 km/h
Antrieb	Hinterrad	Allrad
Abmessungen L/B/H	3.810/1.970/2.470 mm	3.930/1.970/2.470 mm
Gewicht	3.814 kg	3.619 kg
Bereifung vorn / hinten	7.50-20 AS / 12-38 AS	8.3-20 AS / 13.6-38 AS
Riemenscheibe	keine	keine
Zapfwelle	– 571 U/min hinten, motorgebunden, fahrkupplungsunabhängig, auch weggebunden –	
Hydraulik	– Dreipunktanbausystem, mit Steuergerät und Zusatzsteuergerät, 2 freie Arbeitszylinder –	

Ab 1977 wurden die Belarus MTS-80 in die DDR importiert. Dieser neue Typ basierte auf Baugruppen des MTS-50 Super im Rahmen einer Modellpflege. Der Motor verfügte nun über 59 kW (80 PS), und das Getriebe hatte eine weitere Untersetzung. Wegen der höheren Motorleistung von 80 PS bei einer Nennzugkraft von 1,4 Mp waren diese Traktoren besonders geeignet für Arbeiten mit höheren Leistungsanforderungen bei 8 bis 13 km/h. Das gilt auch für den Zapfwellenbetrieb mit Anhängemaschinen höherer Leistung. Ab 1978 kam auch die Allradvariante des MTS-80, der MTS-82 in die DDR. Ab 1979 wurden alle Belarus mit einer neuen Fahrerkabine geliefert. Die neue OECD-geprüfte Komfort-Sicherheitskabine war mit Heizung und Lüftung, zu öffnenden Seiten- und Heckfenstern, wärmegedämmter Sicherheitsverglasung, aufstellbarer Dachhaube, elektrischen Scheibenwischern hinten und vorn, Arbeitsscheinwerfern hinten und vorn und Scheibenwaschanlage vorne ausgestattet. Der Sitz konnte nach Körpergröße und Fahrergewicht eingestellt werden. Diese Schlepper mit ihrer veränderlichen Spurbreite und den schmalen Reifen kamen bevorzugt im Kartoffelanbau zum Einsatz, wo sie exakt zwischen den Pflanzreihen fahren konnten.

Oben: Ein Belarus MTS-80 mit der Strohpresse K 454B in der Variante „Feldablage", fotografiert im Jahr 2001 bei Tantow. *Kleines Bild:* Der Belarus MTS-82 (Allrad-Variante des MTS-80) in Nienburg/Saale.

Belarus MTS-82, der Große mit mehr Platz

Oben: Ab 1983 wurden die MTS-82 mit einer neuen Sicherheitskabine mit integriertem Sturzrahmen, die dem Fahrer mehr Platz und eine verbesserte Rundumsicht bot, ausgeliefert. Wegen seiner günstigen Spurbreite wurde der Belarus MTS-82 bevorzugt im Kartoffelanbau eingesetzt. Hier ist ein MTS-82 mit Rodetrennlader E 686 im Jahr 2003 bei Haufeld/Teichel unterwegs. *Unten:* Dieser MTS-82 mit seinem Anhänger HW 80.11 war 1997 bei Brunn (Sachsen) zu Saatguttransporten eingeteilt.

Das letzte *importierte* Belarus-Modell

Auch 2007 für Transportaufgaben bei Ruppendorf noch im Einsatz, ein MTS-550 mit 2 Anhängern HW 60.11. *Kleines Bild:* Dieser MTS-572 brachte im Jahr 2002 bei Weida (bei Greiz) den Stallmist mit dem Aufsattelanhänger TEK-4 auf das Feld.

Technische Daten	Belarus MTS-570	Belarus MTS-572
Hersteller	– Minsker Traktorenwerk (MTS), UdSSR –	
Import	ab 1989	ab 1989
Fahrzeugart	Radschlepper	Radschlepper
Motor	– Vierzylinder-Viertakt-R-Dieselmotor, wassergekühlt –	
Hubraum	4.750 cm³	4.750 cm³
Leistung	45,6 kW (62 PS) bei 1.800 U/min	45,6 kW (62 PS) bei 1.800 U/min
Höchstgeschwindigkeit	27,3 km/h	27,3 km/h
Antrieb	Hinterrad	Allrad
Abmessungen L/B/H	3.815/1.970/2.765 mm	3.815/1.970/2.765 mm
Gewicht	3.370 kg	3.570 kg
Bereifung vorn / hinten	9.00-20 AS / 15.5-38 AS	11.2-20 AS / 15.5-38 AS
Riemenscheibe	keine	keine
Zapfwelle	– hinten, kupplungsunabhängige Motorzapfwelle, unter Last schaltbar, 540 und 1.000 U/min, Wege-Zapfwelle, 3,5 Umdrehungen pro Meter Fahrstrecke –	
Hydraulik	– Dreipunktanlage, Lenkhydraulik –	

Auf der Leipziger Frühjahrsmesse 1988 wurden die Belarus MTS-570 und MTS-572 vorgestellt. Sie waren Weiterentwicklungen der MTS-550/552 mit gesteigerter Motorleistung. Die ersten Fahrzeuge wurden 1989/1990 importiert. Weil die Scheinwerfer im Kühlergrill zu eng beieinander standen, mussten laut DDR-Straßenverkehrs-Zulassungsordnung entweder Begrenzungsleuchten angebracht werden oder die Scheinwerfer selbst weiter außen ihren Platz bekommen. Dementsprechende Umbauten erfolgten vor der Inbetriebnahme. Die Allradvariante MTS-572 unterschied sich wieder nur durch den Antrieb und das damit einhergehende höhere Gewicht vom MTS-570.

Charkow T-150K

Eine neue Zugkraftklasse kommt zum Einsatz

Auch für Arbeiten im Silo war der T-150K mit Heckschieber bestens geeignet, Weida (bei Greiz) im Jahr 2004.

Eine Lokomotive für den Acker, so könnte man die mit dem T-150K eingeführte Zugkraftklasse (Nennzugkraft 30 kN = 3,0 Mp) umschreiben. Der Knicklenker-Schlepper kam hauptsächlich mit einem Gerätesystem zum Pflügen und zur Saatbettvorbereitung zum Einsatz. Die Motorleistung konnte wegen des guten Masse-Leistungs-Verhältnisses (15 kW/t = 20 PS/t) in hohe Arbeitsgeschwindigkeiten umgesetzt werden. Der Schlepper war meist in kleineren Betrieben im Einsatz, in denen aufgrund der Schlaggröße der Einsatz der größeren Kirowez-Schlepper (folgende Seiten) unwirtschaftlich gewesen wäre.

Technische Daten	Charkow T-150K
Hersteller	Traktorenwerk Charkow, UdSSR
Import	ab 1977
Fahrzeugart	Knicklenker-Radtraktor
Motor	Sechszylinder-Viertakt-V-Dieselmotor, Benzinanlassmotor
Hubraum	9.154 cm³
Leistung	121 kW (165 PS) bei 2.100/min
Höchstgeschwindigkeit	30 km/h
Antrieb	Allrad
Abmessungen L/B/H	5.795/2.400/3.195 mm
Gewicht	7.910 kg
Bereifung vorn / hinten	20-24 AS
Riemenscheibe	keine
Zapfwelle	560 U/min, hinten, motorgebunden, fahrkupplungsunabhängig
Hydraulik	Anbaukraftheber, Heben – Neutral – Senken, Schwimmstellung mit automatischer Neutralstellungsrückführung, Dreipunkthydraulik nicht der DDR-Norm entsprechend

Der gigantische Knicklenker-Schlepper aus Leningrad

Kirowez K-700

Technische Daten	Kirowez K-700
Hersteller	Kirow-Werk Leningrad, UdSSR
Import	ab 1969
Fahrzeugart	Knicklenker-Radtraktor
Motor	Achtzylinder-Viertakt-V-Dieselmotor, wassergekühlt
Hubraum	14.860 cm^3
Leistung	158 kW (215 PS) bei 1.700 U/min
Höchst-geschwindigkeit	31,8 km/h
Antrieb	Allrad
Abmessungen L/B/H	7.010/2.530/3.110 mm
Gewicht	11.550 kg
Bereifung vorn / hinten	23,1 / 18-26 AS
Riemenscheibe	keine
Zapfwelle	1.000 U/min, motorgebunden, fahrkupplungsunabhängig
Hydraulik	Dreipunktanbausystem mit 2 freien Anschlüssen

Im Jahr 1969 wurden die ersten Kirowez-Radtraktoren K-700 in die DDR importiert. Damals war die Konstruktion des Schleppers mit den vier gleich großen Rädern und der Knicklenkung noch ungewöhnlich. Die Zentrale Prüfstelle für Landtechnik Potsdam-Bornim vergab an den K-700 das Prädikat: „Für den Einsatz in der Landwirtschaft der DDR gut geeignet". Der K-700 konnte mit dem neu entwickelten siebenfurchigen Aufsattelpflug B 500 bei 2,5 Metern Arbeitsbreite bis zu 35 cm tief pflügen. Eine Unter-Last-Schaltung hatte der K-700 nicht.

Dieser K-700 musste im Jahr 2003 in Reinsdorf nur noch gelegentlich Dienste verrichten. *Kleines Bild:* Ein roter Kirowez K-700 steht im Mai 2006 in Vettin. Der Flieder-Schmuck am Radtraktor lässt vermuten, dass die Aufnahme am sogenannten „Herrentag" (Christi Himmelfahrt) entstanden ist.

Kirowez K-700A

Der weiterentwickelte K-700

Rechts: Der Kirowez K-700A der LPG Pflanzenproduktion Baalberge war im Winter 1992 mit einem Heckschiebeschild bei Bauarbeiten im Einsatz. *Oben:* Der schwere K-700A mit Heckgreifer T 301 war in vielen Siloanlagen nicht wegzudenken, hier aufgenommen 1998 in der Nähe von Drauschkowitz (bei Bautzen).

Beim ab dem Jahr 1976 importierten, weiterentwickelten K-700A wurde die Motorleistung des JaMS-V8-Motors ohne Drehzahlerhöhung auf 165 kW (225 PS) gesteigert, und das mechanische Stufengetriebe ließ sich nun auch unter Last schalten. Beim K-700A konnte man den Hinterradantrieb wahlweise zu- oder abschalten. Die Gänge wurden durch hydraulisch betätigte Lamellenkupplungen geschaltet, die Schaltung der Getriebegruppen über Klauenkupplungen. Der Typ K-700A war der in der DDR meistvertretene der Kirowez-Flotte. Etwa 3.000 Exemplare waren im Einsatz. Der K-700A bildete die Zwischenstufe zum K-701.

Technische Daten	Kirowez K-700A
Hersteller	Kirow-Werk Leningrad, UdSSR
Import	ab 1976
Fahrzeugart	Knicklenker-Radtraktor
Motor	Achtzylinder-Viertakt-V-Dieselmotor, wassergekühlt
Hubraum	14.860 cm³
Leistung	165 kW (225 PS) bei 1.700 U/min
Höchstgeschwindigkeit	31,8 km/h
Antrieb	Allrad
Abmessungen L/B/H	7.400/2.880/3.550 mm
Gewicht	11.550 kg
Bereifung vorn / hinten	720-665 R / optional 28,1-26 R
Riemenscheibe	keine
Zapfwelle	1.000 U/min, hinten, fahrkupplungsunabhängig
Hydraulik	Dreipunktanbausystem mit 2 doppeltwirkenden Arbeitszylindern, Anschlüsse für 2 Außenzylinder

Der *stärkste* Kirowez-Schlepper

Kirowez K-701

Der leistungsstärkere Typ K-701 wurde ab 1974 in Leningrad produziert, in der DDR kam er aber erst ab 1977 zum Einsatz. Er wurde nur in kleinen Stückzahlen importiert. Der K-701 verfügte über einen modifizierten Motor JaMS-240B, der 202 kW (275 PS) bei 1.900 U/min leistete. Das Ziel dieser Steigerung der Motorleistung war eine Erhöhung der Arbeitsgeschwindigkeit.

Oben: Dieser Kirowez K-701 stand im Mai 2004 in Pragsdorf im Hof einer Im- und Exportfirma. *Unten:* Ein K-701 mit einer schweren Scheibenegge bei der Stoppelbearbeitung, 2003 in Ziesendorf (bei Bad Doberan).

Technische Daten	Kirowez K-701
Hersteller	Kirow-Werk Leningrad, UdSSR
Import	1977
Fahrzeugart	Knicklenker-Radtraktor
Motor	Zwölfzylinder-Viertakt-V-Dieselmotor, wassergekühlt
Hubraum	22.288 cm³
Leistung	202 kW (275 PS) bei 1.900 U/min
Höchstgeschwindigkeit	33,7 km/h
Antrieb	Allrad
Abmessungen L/B/H	7.430/2.880/ 3.530 mm
Gewicht	13.400 kg
Bereifung vorn / hinten	720-665 R / optional 28,1-26 R
Riemenscheibe	keine
Zapfwelle	1.000 U/min, als Sonderausstattung
Hydraulik	Dreipunkthydraulik

Bildnachweis, Quellenverzeichnis, Abkürzungsverzeichnis

Bildnachweis

Innenteil des Buchs

Uwe Bachmann: 99 o.,
Hans-Jürgen Barteld: 14, 37 o.,
Siegfried Bergelt: 19 u., 130 u.,
Peter Böhlke: 12 M., 17 u., 18 o., 19 o., 25 o.,
Jens Bubolz: 141 o.,
Michael Dostal: 57 o., 73 o., 86 o., 100 o., 110 u., 111,
Frank Drechsel: 9 u., 20 o., 30 u., 31 u., 35, 56 o., 58 u., 59 u., 67 u., 83 o., 86 u., 139 u.,
Andreas Erler: 40 u.,
Uwe Fischer: 10 u., 12 u., 21 u., 30 o., 50 o., 54 o., 64 o., 66 u., 85 o., 108 großes Bild, 109 großes Bild, 118 kleines Bild,
Steffen Gerstel (www.trabant-szene-freiberg.de): 23 o., 32 u.,
Christian Goossen (www.lada-welt.de): 37 u., 38 u.,
Michael Groß: 23 u.,
Rudolf Heym: 143 u.,
Andreas Kube: 53 o.,
Roland Meier: 16 o., 22 o., 65 o., 71 u., 74 u., 113, 114 o.,
Wolfgang Miethe: 11 o., 11 u., 13 o.,
Torsten Riedel: 39,
Stefan Runge: 10 o., 17 o., 112 u.,
Jan Welkerling (www.ddr-landmaschinen.de): 16 u., 22 u., 24 u., 27, 32 o., 36 u., 44 u., 46 o., 50 u., 51 o., 51 u., 52 großes Bild, 55 u., 62 o., 62 u., 69, 78 u., 94 u., 102 o., 104 o., 114 u., 115, 117, 118 großes Bild, 119 o., 119 u., 120 u., 121 o., 122 u., 123 o., 123 u., 124 u., 125 beide Bilder, 126 kleines Bild, 127 kleines Bild, 128 o., 129 u., 130 o., 131 u., 133 beide Bilder, 134 großes Bild, 135 großes Bild, 136 beide Bilder, 137 beide Bilder, 138, 139 o., 140 kleines Bild, 141 u.
Alle anderen Aufnahmen in diesem Buch stammen von Uwe Miethe.

Quellenverzeichnis

Zeitungen/Zeitschriften

- Freie Presse, Chemnitz
- Volksstimme, Magdeburg

Bücher

- Karl-Heinz Edler, Wolfgang Roediger: Kraftfahrzeuge, von der Auswahl bis zur Zulassung; Verlag Neues Leben, Berlin 1960
- Das dicke DDR-Buch; Eulenspiegel, Das Neue Berlin Verlagsgesellschaft mbH & Co. KG, Berlin 2002
- Walter Lütche: Giganten der Arbeit – 40 Jahre Fahrzeugkranbau in der DDR; KM Verlags GmbH, Griesheim 2003
- Christian Suhr, Ralf Weinreich: DDR-Lastwagen-Klassiker; Motorbuch Verlag, Stuttgart 2005
- Jan Welkerling: Fortschritt in allen Ähren – DDR Landmaschinen im Einsatz; Verlag Jan Welkerling, Nürnberg 2005
- Michael Dünnebier, Eberhard Kittler: Deutsche Autos – Alle Personenwagen und Nutzfahrzeuge der DDR. Mit allen Ostblock-Importfahrzeugen; Motorbuch Verlag, Stuttgart 2006
- Dieter Schulze: Das große Buch der deutschen Volkspolizei – Geschichten, Aufgaben, Uniformen; Das Neue Berlin Verlagsgesellschaft mbH & Co. KG, Berlin 2006
- Achim Gaier (Hrsg.): Personenwagen in der DDR; Spezialausgabe, Motorbuch Verlag, Stuttgart 2006
- Christian Suhr: Typenkompass DDR-Omnibusse 1945 – 1990; Motorbuch Verlag, Stuttgart 2007
- Horst Hintersdorf: Typenkompass DDR-Traktoren und Landmaschinen 1945 – 1990; Motorbuch Verlag, Stuttgart 2007
- Horst Hintersdorf: Typenkompass Traktoren und Landmaschinen DDR-Importe aus den RGW-Staaten; Motorbuch Verlag, Stuttgart 2007

Abkürzungsverzeichnis

ACZ	Agrochemisches Zentrum
ADK	Autodrehkran
ADMV	Allgemeiner Deutscher Motorsport Verband
AWZ	VEB Automobilbau Zwickau
AZLK	Automobilfabrik Leninscher Komsomol, Moskau
BRD	Bundesrepublik Deutschland
CSSR	Tschechoslowakische Sozialistische Republik
DDR	Deutsche Demokratische Republik
Deutz	Deutz AG, Köln
EMW	Eisenacher Motorenwerk
FAMO	Fahrzeug- u. Motorenwerke AG, Breslau
FSO	Fabryka Samochodów Osobowych, Warschau
GAZ	Automobilfabrik Gorki
GDR	German Democratic Republic
GT	Geräteträger
HO	Staatliche Handelsorganisation der DDR
IFA	Industrieverband Fahrzeugbau
JaAS	Jaroslavler Automobilfabrik, später umbenannt in JaMS
JaMS	Jaroslavler Motorenwerke
KrAZ	Krementschuker Automobilfabrik
LIAZ	Liberecké automobilové závody
LOWA	Vereinigung volkseigener Betriebe (VVB) des Lokomotiv- und Waggonbaus der DDR
LPG	Landwirtschaftliche Produktionsgenossenschaft
MAN	Maschinenfabrik Augsburg-Nürnberg AG
MfS	Ministerium für Staatssicherheit
MTS	Minsker Traktorenwerk
NSW	Nicht sozialistisches Wirtschaftsgebiet
NVA	Nationale Volksarmee
OECD	Organisation für wirtschaftliche Zusammenarbeit und Entwicklung
PGH	Produktionsgenossenschaft des Handwerks
RAW	Reichsbahn-Ausbesserungswerk
Rbd	Reichsbahndirektion
RGW	Rat für gegenseitige Wirtschaftshilfe
RS	Radschlepper
SED	Sozialistische Einheitspartei Deutschlands
SR	Sozialistische Republik
THW	Technisches Hilfswerk
TLF	Tanklöschfahrzeug
UdSSR	Union der Sozialistischen Sowjetrepubliken (Sowjetunion)
UTB	Universal Tractor Braşov
VEB	Volkseigener Betrieb
VEG	Volkseigenes Gut
VP	Volkspolizei
VR	Volksrepublik
ZAZ	Automobilfabrik Zaporoshje
ZIL	Lichatschow-Werk, Moskau
ZIS	Stalin-Werk, Moskau – 1956 umbenannt in Lichatschow-Werk (ZIL)
ZPL	Zentrale Prüfstelle für Landtechnik Bornim
ZT	Zugtraktor

Die im Kfz-Bereich üblichen und geläufigen technischen Abkürzungen sind im Abkürzungsverzeichnis nicht berücksichtigt.

Ausklang

„Toter Turm“ Chemnitz: Wir haben in diesem Suchbild für Sie, liebe Leser, so etwas über 20 Autos versteckt. Die genaue Zahl kennen wir selbst nicht. Die Quote der Ost-Modelle beträgt dabei in etwa 80 %. Wenn Sie das Buch aufmerksam gelesen und alle Bilder betrachtet haben, werden Sie sicher schnell die Trabis (das war ja einfach!), den Barkas B-1000 (ist ja wohl nicht zu übersehen!), den Moskwitsch (nein, das Weiße links unten war einmal ein Haushalts-Waschautomat, der gesuchte „Mossi“ war aber auch einmal weiß!), gleich zwei Wartburg 353 W und den Lada (wenn wir Ihnen dessen Farbe, Rot, verraten würden, wär's ja einfach!) finden. Inspiriert vom Chemnitzer Wahrzeichen, dem „Roten Turm“, haben wir das Ganze bereits im Juni 1994 in der Heimatstadt des Buchautors arrangiert. Viel Spaß beim Suchen!

„Ello“ Kunterbunt: Im Jahr 1990, unmittelbar nach der politischen Wende in der DDR, war die 40 Jahre dauernde Zeit der „Diktatur des Proletariats“ endlich vorbei. Ein System, das seine Bürger hinter Mauern wegsperrte, sie in allen Lebensbereichen bespitzelte und mit Waffengewalt am Verlassen ihres „Arbeiter- und Bauernparadieses“ hinderte, hatte ein für alle Mal ausgedient! Was kann die damaligen Hoffnungen und Wünsche der DDR-Bürger schöner symbolisieren als dieser kunterbunte LO-3000 Wahlkampfbus des Suhler „Neuen Forum“?

Eine Reise durch die Zeit ...

Die DDR ein vielseitiges und kreatives Autoland? Und ob! Der unterhaltsame und informative Bildband zeigt, was es außer dem legendären Trabi noch alles gab.

DDR-Automobile von A-Z
144 Seiten, ca. 150 Abb.,
22,3 x 26,5 cm,
Hardcover
ISBN 978-3-7654-7789-8

Die 50er-Jahre: Deutschland macht sich auf ins Wirtschaftswunder – mit dem Auto! Ein opulenter Bildband als nostalgische Reise in unvergessliche Zeiten.

Die Auto-Klassiker der 50er-Jahre
Vom Kleinstwagen bis zum Straßenkreuzer
168 Seiten, ca. 180 Abb.,
22,3 x 26,5 cm
Hardcover mit Schutzumschlag
ISBN 978-3-7654-7794-2

Endlich erzählt: die Geschichte vom »Wiederaufbaumotorrad« bis zum Ende der großen Traditionsmarken! Eine Lücke in der Zweiradhistorie ist geschlossen.

Auf Zweirädern ins Wirtschaftswunder
Mopeds und Motorräder der Nachkriegszeit
144 Seiten, ca. 160 Abb.,
22,3 x 26,5 cm,
Hardcover mit Schutzumschlag
ISBN 978-3-7654-7784-3

Das komplette Programm unter www.geramond.de GeraMond